中国地震局公共服务司（法规司）
中国地震局地震科普图书精品创作工程
陈运泰院士地震通俗读物（之三）

地震与板块构造

陈运泰 著

EARTHQUAKE AND PLATE TECTONICS

中国建筑工业出版社

图书在版编目（CIP）数据

地震与板块构造 =EARTHQUAKE AND PLATE TECTONICS / 陈运泰著 . —北京：中国建筑工业出版社，2024.2

（陈运泰院士地震通俗读物；之三）

ISBN 978-7-112-29558-6

Ⅰ.①地… Ⅱ.①陈… Ⅲ.①大地板块构造—通俗读物 Ⅳ.① P542.4-49

中国国家版本馆 CIP 数据核字（2023）第 253785 号

责任编辑：刘瑞霞　梁瀛元
责任校对：赵　力

陈运泰院士地震通俗读物（之三）
地震与板块构造
EARTHQUAKE AND PLATE TECTONICS
陈运泰　著
*
中国建筑工业出版社出版、发行（北京海淀三里河路 9 号）
各地新华书店、建筑书店经销
北京海视强森文化传媒有限公司制版
临西县阅读时光印刷有限公司印刷
*
开本：850 毫米 × 1168 毫米　1/16　印张：4¾　字数：75 千字
2024 年 4 月第一版　2024 年 4 月第一次印刷
定价：**58.00** 元
ISBN 978-7-112-29558-6
（42166）

目录

1 PART 现代地震学的发展

地震的发生与板块的相对运动、相互作用密切关联。在板块大地构造学说创立过程中，地震与地球内部构造的研究曾经起到过重要的作用。

早在1890年，现代地震学的奠基人之一、在日本东京帝国工程学院任教的矿业工程师、地震学家、英国米尔恩（John Milne，1850.12.30—1913.7.30）与他的同在日本工作的两位英国同事伊文（James Alfred Ewing）和格雷（Thomas Gray）共同研制成功了一台能够精确测量地震动的仪器——现代地震仪。但是仅仅过了几年后，1895年，一场意外的

图 1.1　现代地震学的奠基人之一、矿业工程师、地震学家、英国米尔恩（John Milne，1850—1913）

火灾不但烧毁了米尔恩的家、实验室和书，而且烧毁了他积累了十余年的地震资料。但是他并没有因此而气馁，在1895年7月返回家乡——英格兰岛南海岸的怀德岛（Isle of Wight）上的赛德（Shide）镇以后，继续从事有关地震的研究工作。到20世纪初，米尔恩已经积累了一套完整的研究地震的方法。他在当时的大不列颠与北爱尔兰联合王国版图内的许多地方布设了总共由27个地震台组成的地震台网。到1913年米尔恩逝世时，他已经建立起拥有60个地震台的全球地震台网。

地震仪是用来测量地震断层突然错动而造成的地震及其引起的地震动强度的仪器。地震动是三维的：上下振动、左右振动和前后振动，记录地面运动的地震仪便有三个分向，通常是垂直分向、东—西分向和南—北分向（图1.2）。到了19世纪末，米尔恩、伊文和格雷用他们发明的地震仪首次记录到并区分出两种以不同速度传播的地震波（图1.3）。速度最快、最先到达地震台的地震波称为初至波（primary wave），

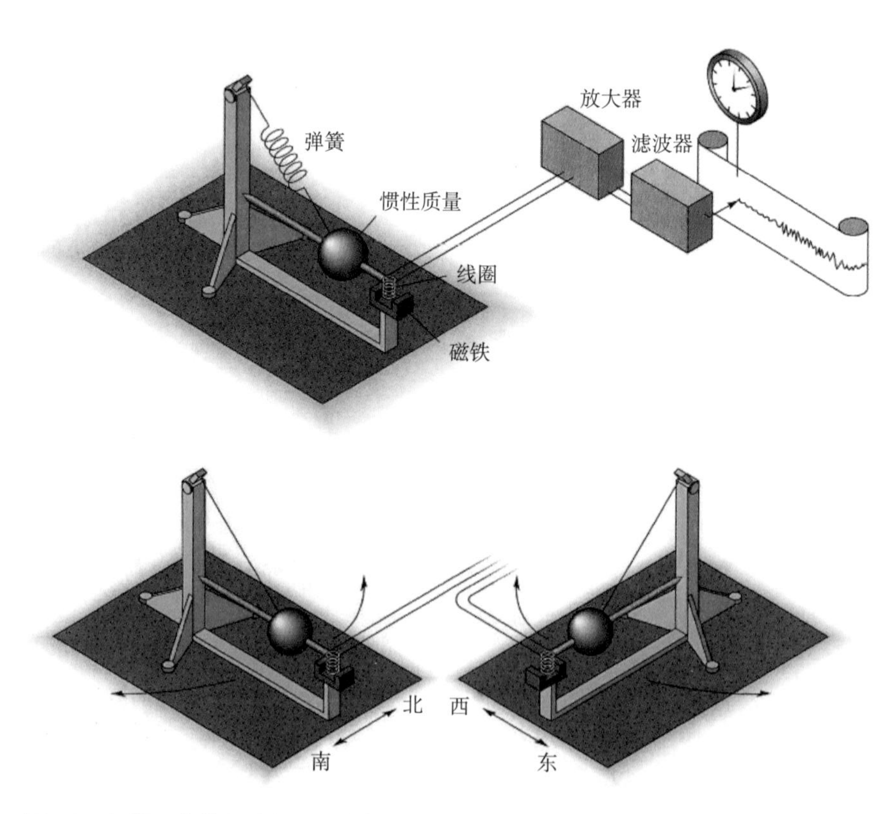

图1.2　记录三个分向（上下、左右和前后）地面运动的地震仪（原理示意图）

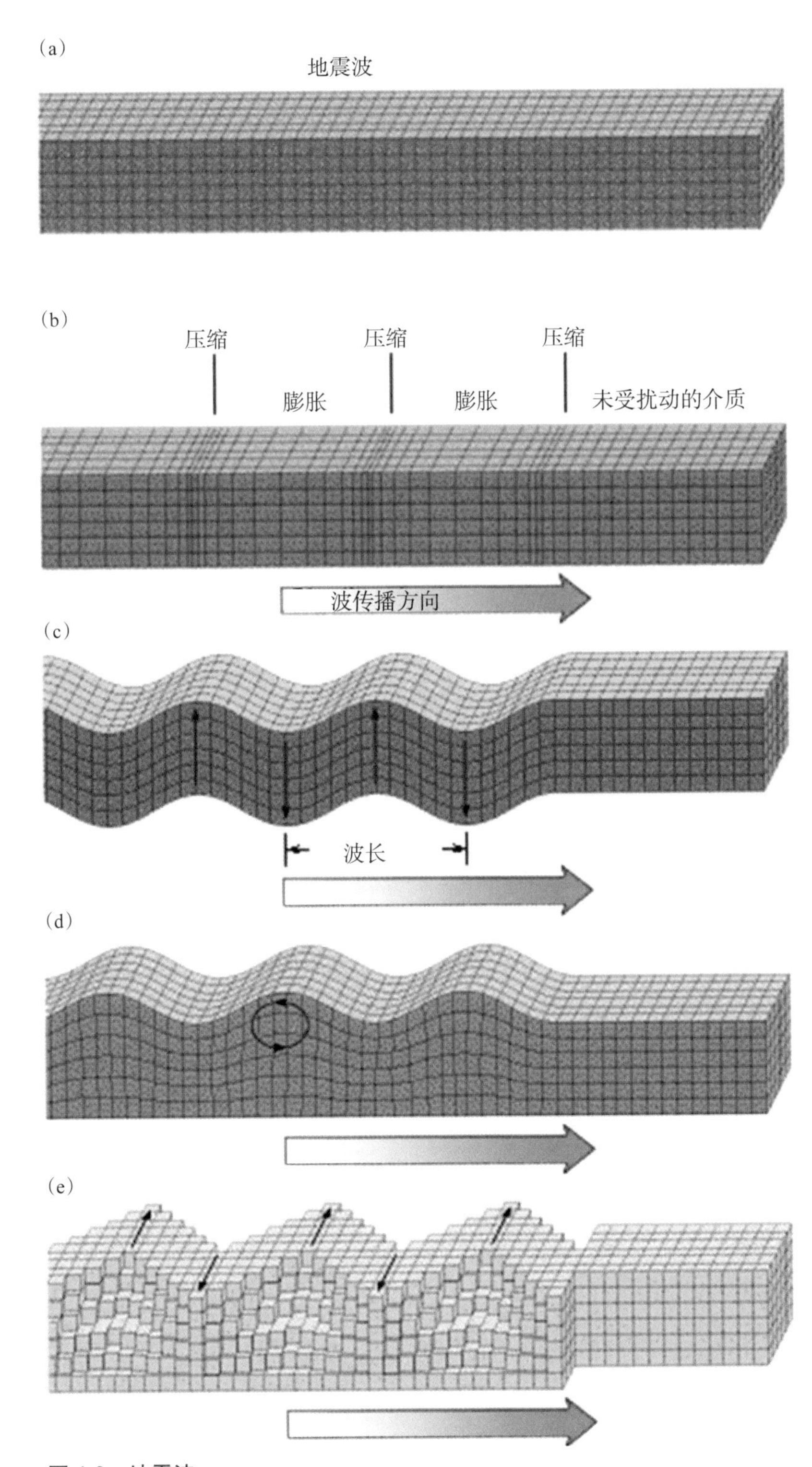

图 1.3　地震波

(a) 介质未受扰动的状态；(b) P 波；(c) S 波；(d) 瑞利波；(e) 勒夫波

记为 P，简称 P 波。P 波是以质点前后（纵向）振动的形式传播的波，所以又称为纵波。速度其次、继 P 波之后到达地震台的地震波称为续至波（secondary wave），记为 S，简称 S 波（简称为 S 波是从续至波而来，并非从剪切波 shear wave 简称而来）。S 波是以质点横向振动的形式传播的波，所以又称为横波。S 波传播时，其波形犹如蛇形。此外，还有沿着地球表面传播的表面波（简称面波）：瑞利波（Rayleigh wave）与勒夫波（Love wave）。P 波和 S 波到达仪器的时间间隔称为“S 减 P”，记为“S–P”。由 S–P 可以算出震中距，即地震台和地震震中之间的距离（图 1.4），通过三个地震台的震中距可以测定地震发生的位置（图 1.5）。在图 1.4 与图 1.5 所示的例子中，为简单计，假定震源位于地球的表面。

米尔恩建立的地震台网开创了遥测地震的先河，他首创全球地震台网，推进了现代地震学的发展，为科学和人类社会作出了巨大贡献。不久，地震学家惊奇地发现，地震仪不仅可以用于测定地震的位置和大小，而且还可以用于探测地球内部的构造。截止到第一次世界大战前，

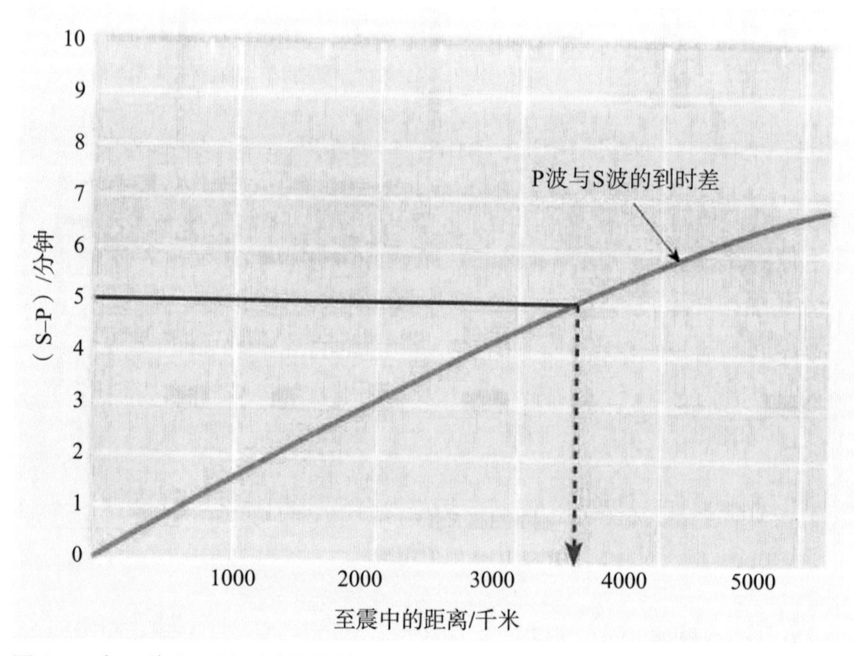

图 1.4　由 P 波和 S 波到达仪器的时间间隔（S–P）可以求出震中距

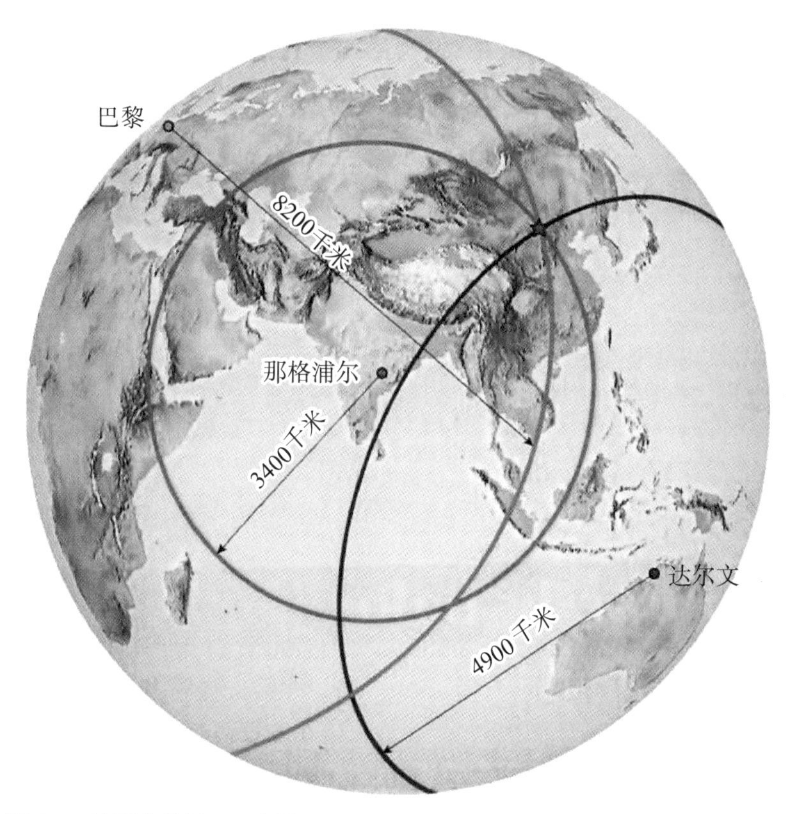

图 1.5　地震定位原理示意图

由三个台（[法] 巴黎台，[印] 那格浦尔台，[澳] 达尔文台）的震中距可以确定地震发生的位置

地震学家通过对地震波的研究已经探明了地球内部构造，认识到了地球由地核、地幔、地壳组成，地壳厚度平均约 35 千米，地核是被高密度岩石层和地幔包围着的，等等。但是，在那时，对于地球内核究竟是液体还是固体，还没有一致的定论。

2 PART 大陆漂移

板块大地构造学说是地球构造理论的一个重要成就。板块大地构造学说虽然是20世纪60年代才提出来和确立的，但它的来源至少可以追溯到1912年著名的地理学家、气象学家、天文学家、探险家德国魏格纳（Alfred Lothar Wegener，1880—1930；图2.1）提出的大陆漂移

(a)

(b)

图2.1　大陆漂移学说的创始人魏格纳（Alfred Lothar Wegener，1880—1930）

（a）魏格纳；（b）1930年11月1日，魏格纳（左）和他的因纽特人（Inuit或Innuit）向导在他最后一次格陵兰气象探险考察时摄。这是魏格纳的最后一张照片，此后不久，魏格纳便在这次气象探险考察中以身殉职。因纽特人是居住在北美北部以及格陵兰和阿拉斯加部分地区一个种族的人，有时被称为爱斯基摩（Eskimo）人。但是他们不喜欢这一称呼，认为那是对他们的一种冒犯

（continental drift）学说，甚至更早，比如说 16 世纪。

1596 年，比利时北部法兰德斯地图学家奥特利乌斯（Abrahan Ortelius，1527—1598）最早提出大陆漂移假说。

1620 年，著名哲学家、英国大法官培根（Francis Bacon，1561—1626；图 2.2）曾注意到大西洋两岸轮廓的相似性，他从当时新绘制的世界地图上注意到，南美洲东岸和非洲西岸可以几乎完美地拼合在一起，他研究了南美洲和非洲互补型海岸线的成因，认为西半球与欧亚大陆曾经是连接在一起的，并强调这也许不仅仅是偶然的巧合。

1756 年，德国一位神学家宣称，地球在"洪水"以后曾发生过破裂，其依据是许多被海域分开的大陆，其相对两岸具有非常相似的轮廓。19 世纪初，德国近代地理学创始人洪堡（Friedrich Wilhelm Heinrich Alexander von Humboldt，1769—1859；图 2.3）也指出，南美和非洲之间的海岸形状极为相似。1858 年，斯奈德 - 佩莱格里尼（Antonio Snider-Pellegrini，1802—1885）在地理百科全书中提及美洲可能是"因地震与潮汐而从欧洲及非洲分裂出去"的观点，他描绘了一幅大西洋周围大陆

图 2.2　英国著名哲学家培根（Francis Bacon，1561—1626）

图 2.3　德国近代地理学创始人洪堡（Friedrich Wilhelm Heinrich Alexander von Humboldt，1769—1859）

图 2.4　国际著名天文学家、地球物理学家英国达尔文（George Howard Darwin，1845—1912）

的复原图，在这幅图上，大西洋消失了，非洲和美洲连接在一起。他还运用地质资料说明了美洲和欧洲煤层中化石的相似性。进化论的创始人达尔文（Charles Darwin，1809—1882）之次子、国际著名的天文学家、地球物理学家英国达尔文（George Howard Darwin，1845—1912；图 2.4）认为，太平洋可能是月球飞出去后留下的痕迹。20 世纪初，皮克林（W. H. Pickering）、泰勒（F. B. Taylor）、修斯（Edward Suess，1831—1914）、李四光（1889—1971）等都曾讨论过大陆的大尺度水平运动。在魏格纳之前，1910 年，美国地质学家泰勒（F. B.Taylor）就曾提出，大陆大规模地朝向赤道发生了漂移，以此来解释第三纪山脉如喜马拉雅山脉、安第斯山脉和阿尔卑斯山脉的起源。19—20 世纪初国际著名的奥地利地质学家修斯是现代地质学的一位主要人物，他以开拓了用放射性方法测得地质年龄的工作而著称于世。他收集了南美、非洲、印度、澳洲大陆构成一个更大的大陆的许多证据。他提出，大陆漂移可以用“固体地幔内的热对流来加以解释”。

大陆漂移学说的提出

1915 年，魏格纳出版了一本书，原文系德文，书名叫作《大陆和海洋的起源》([德] *Die Entstehung der Kontinente und Ozeane*)，英文版是根据德文第三版在 1924 年译出的，译名为《海陆的起源》。德文版全书共 94 页。在这本用德文写的书中，他发表了于 1912 年写的一篇题为“大陆和海洋的起源”论文的增订稿，提出了有关地球表面本质的大胆设想。他指出，“巴西的版图突出的部分正好和非洲西南部凹进去的部分吻合，所以巴西和非洲的西南部最初是一体，后来才逐渐分开的”。魏格纳认为，世界上的大陆如欧亚大陆、北美大陆、南美大陆、非洲大陆在距今 3 亿 ~ 2 亿年（300Ma ~ 200Ma）的古生代晚期—中生代早期是联结在一起的，魏格纳建议称之为 Πανκαια（Pangaea）[Πανκαια（Pangaea）系希腊文]，意为所有的陆地（all lands）即泛古陆、联合古陆。联合古陆由较轻的硅铝质岩石（如花岗岩）组成，它像冰山一样飘浮在较重的硅镁质的岩石（如玄武岩）上，周围是辽阔的海洋。联合古陆后来（现在我们知道是距今约 2 亿年的中生代时）开始分裂。魏格纳认为可能是由于受到太阳、月亮对地球的引力和地球自转离心力三种力的共同作用，在重的硅镁层上的轻的硅铝质大陆发生漂移而逐渐分开，大陆之间被海洋分隔，逐渐达到现今的位置，重新组合，形成今天的海陆格局。他的根据是：相隔大洋的两块大陆的种种相似性和连续性，包括海岸线的形状、地层、构造、岩相、古生物学，以及古气候学、大地测量学、地球物理学等证据。

魏格纳首先分析了大西洋两岸的山系和地层。他发现（图 2.5），北美洲纽芬兰一带的褶皱山系与欧洲北部的斯堪的纳维亚半岛的褶皱山系遥相呼应，意味着北美洲与欧洲以前曾经“亲密接触”；美国阿巴拉契亚山的褶皱带东北端没入大西洋，延伸至对岸后又在英国西部和中欧一带出现；非洲西部距今 20 亿年前的古老岩石分布区与巴西的古老岩石分布区遥相呼应，二者的构造也彼此吻合；南美阿根廷的首都布宜诺斯艾利斯附近山脉岩石中的地层等与非洲南端的开普勒山脉岩石中的地层相对应；等等。除大西洋两岸山系和地层相似性等证据外，魏格纳还发现，非洲和印度、澳大利亚等大陆之间，地层构造之间也有关联，而且这种关联大都限于 2.5 亿年以前的古生代地层构造。

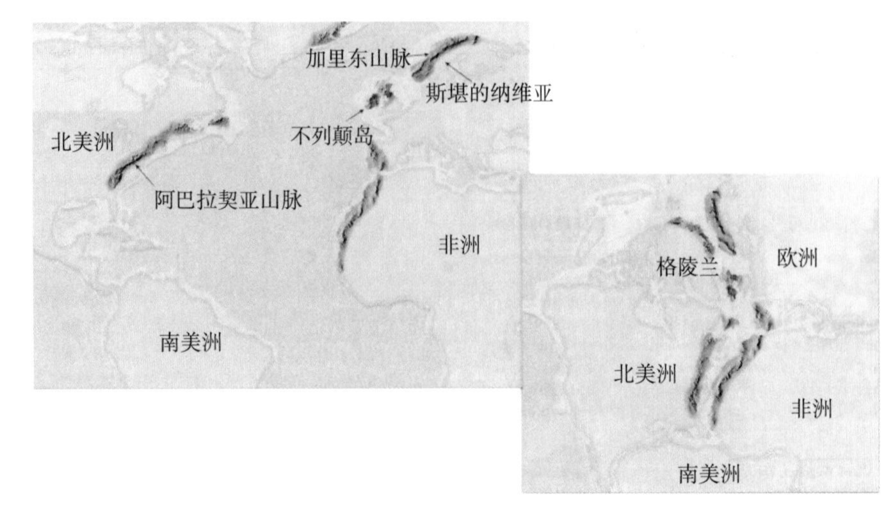

图 2.5　大西洋两岸的山系和地层遥相呼应

魏格纳又考察了大洋两岸的化石（图 2.6）。在他之前，古生物学家就已经发现，在远隔重洋的大陆之间，古生物物种有着密切的亲缘关系。例如，蜥蜴的一个物种中龙（[拉]*Mesosaurus*）是一种生活在远古时期（27 亿年前）陆地淡水沼泽中、无法越过大洋的小型爬行动物，然而它的化石既可以在南美洲巴西石炭纪到二叠纪的地层中找到，也出现在非洲西部的同类地层中（图 2.6a）。生活在淡水里的中龙是如何游过大西洋的？水龙兽（[拉]*Lystrosaurus*）的化石也在非洲、印度、澳洲等地发现（图 2.6c）。更有趣的是一种庭园蜗牛化石，既存在于德国和英国等地，也分布于大西洋彼岸的北美洲。它们又是如何跨越大西洋的万顷波涛的？因为当时鸟类尚未在地球上出现。还有一种古蕨类植物——舌羊齿（[拉]*Glossopteris*）的化石，竟然同样分布于澳大利亚、印度、南美、非洲等地的晚古生代地层中（图 2.6b）。

图 2.7 是 1967 年迪茨（R. S. Dietz）发表的一篇评述性论文中所附的、他的一位爱好绘画艺术的同事霍尔登（J. C. Holden）所绘的饶有兴味的 4 幅图，它们形象地说明了当时大多数科学家对被海洋遥相隔开的大陆上出现相同物种原因的解释：第一种解释认为可能是乘坐木筏漂洋过海的（图 2.7a）；第二种解释认为可能是大陆之间存在着陆桥（地峡）（图 2.7b），而这些陆桥后来慢慢地被海水淹没了；第三种解释认为可能

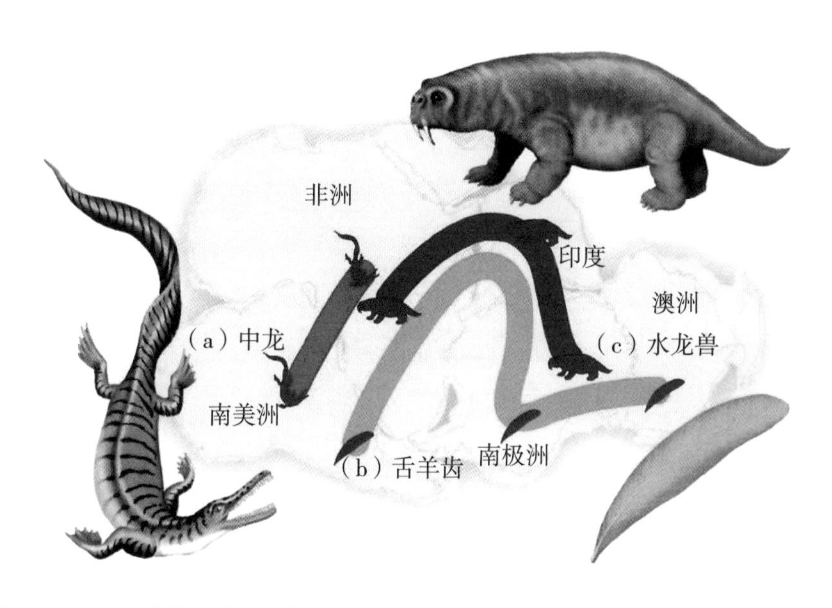

图 2.6　远隔重洋的大陆之间古生物物种的密切亲缘关系

(a) 中龙 (*Mesosaurus*); (b) 舌羊齿 (*Glossopteris*); (c) 水龙兽 (*Lystrosaurus*)

图 2.7　陆地上的动物是如何跨越万顷波涛的

(a) 乘坐木筏; (b) 走过陆桥 (地峡); (c) 以岛屿作踏脚石; (d) 由于大陆漂移

是这些动物以岛屿为踏脚石越过海洋的；魏格纳却持不同的看法，他认为非洲和美洲同时发现中龙化石是因为1.25亿年（125Ma）前，两个大陆是连在一起的，后来发生了大陆漂移（图2.7d），把它们的化石带走了，这是第四种解释。魏格纳建议把大陆漂移之前的大陆称为泛古陆（Pangaea），即联合古陆。

古代冰川的流动方向和现代的煤产地（过去的温暖潮湿的沼泽地）的分布也符合魏格纳大陆漂移的设想（图2.8）。

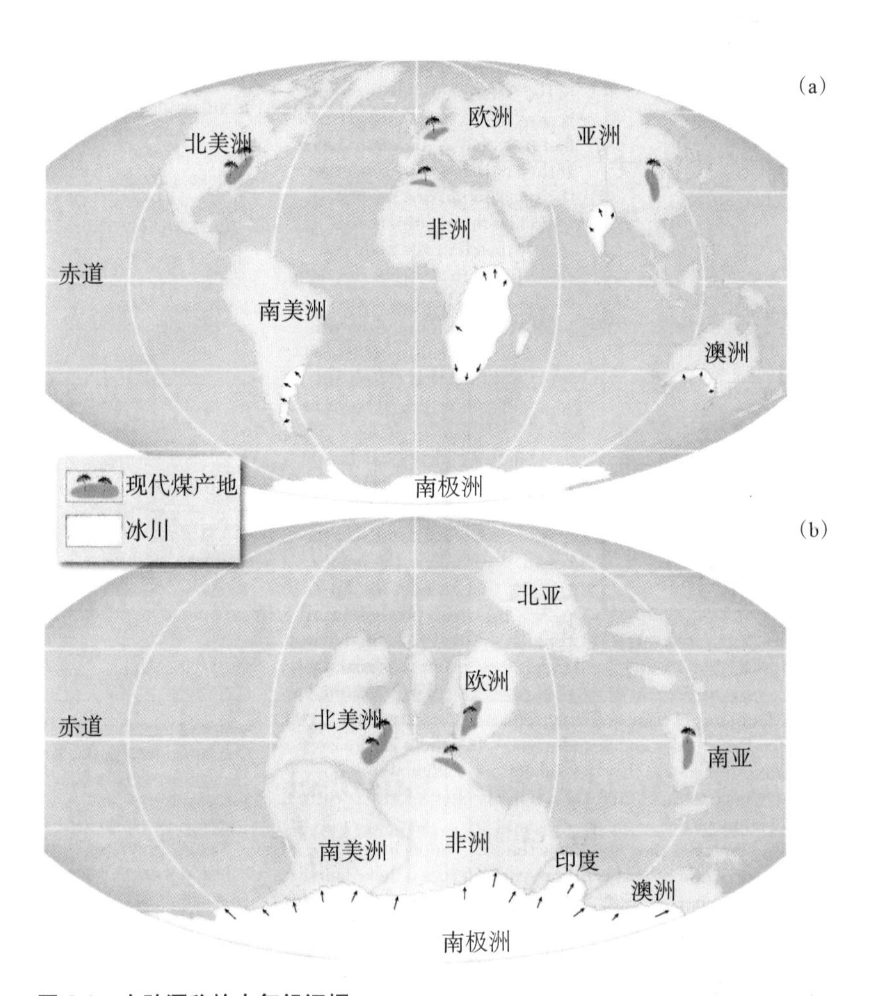

图2.8 大陆漂移的古气候证据

（a）冰川分布与流动特征和现代的煤产地（过去的温暖潮湿的沼泽地）的分布也符合魏格纳大陆漂移设想。大约3亿年（300Ma）前，冰川覆盖南半球及印度的广袤地区。箭头表示冰川流动方向，这可由冰川和在基岩上发现的树丛的图案推测得到；（b）将大陆复原到它们漂移前的位置，说明存在于现在位于温和气候的热带产煤的沼泽地距今约3亿年的晚古生代，在南美洲、非洲、澳大利亚、印度和南极洲，都曾发生过大范围的冰川活动。从冰川的擦痕可以判断出古代冰川的流动方向。从冰川遗迹分布的规模与特征判断，当时冰川的类型当属产生于极地附近的大陆冰川，而南美、印度和澳大利亚的古冰川遗迹却分布在当今大陆边缘地区，而且运动方向为海岸向内陆的方向。按照常识，冰川是不可能由低处向高处运动的，这说明这些大陆上的古冰川不是发源于本地，只能设想当时这些大陆曾经是连接在一起的，整个古大陆位于南极附近。冰川中心处于非洲南部，古大陆冰川由中心向四周呈放射状流动，才能合理地解释古冰川的分布与流动特征。其他如由热带植物形成的现代的煤炭产地（过去的温暖潮湿的沼泽地）、蒸发盐、珊瑚礁等古气候标志等，都可用来推断它们形成的年代和纬度，但往往与其今天所在的位置相矛盾，这也说明大陆曾经发生过漂移。这一现象曾经使地质学家一筹莫展，却为大陆漂移说提供了有力佐证。

魏格纳提出的大陆漂移如图2.9与图2.10所示。他认为现有的大陆是由最初的一片泛古陆即联合古陆裂解而成的。联合古陆于2亿年（200Ma）以前裂解，逐渐演变成现今的七大洲四大洋。但是，由于缺乏有力的证据，这个学说在当时直至20世纪60年代的长达40多年里都没有能够得到科学界的承认。原因在于魏格纳为了证实这个假说，搜集了许多方面的证据，但是忽略了对它们做严格的审查。有些证据说服力不强，有些甚至是错误的。例如，非洲和美洲的海岸看起来相似，但实际比较起来，却有不小的差别；两块大陆在地质上的相似性可以有许多解释，不一定是由于大陆漂移。魏格纳根据旧的大地测量数据，认为格陵兰与欧洲的相对位置变化很多，但这组数据以后证明是不可靠的。古气候的分布虽有利于大陆漂移假说，但说服力还不够强。至于古生物分布的解释更是众说纷纭。

但是，最重要的一点是，魏格纳大陆漂移假说理论方面的一个严重的弱点是：他假定大陆在海底上漂移就像船在水中航行一样，然而从硅铝层和硅镁层的相对强度来看，这是不可能的。特别是，究竟是什么样的力使得大陆漂移的，这个问题他解释不了。魏格纳解释说大陆漂移是由于受到太阳、月亮对地球的引力和地球自转离心力三种力共同作用的结果，但是，经过许多有影响的地球物理学家、包括国际著名的地球物理学家、数学家英国杰弗里斯（Harold Jeffreys，1891—1989；图2.11）

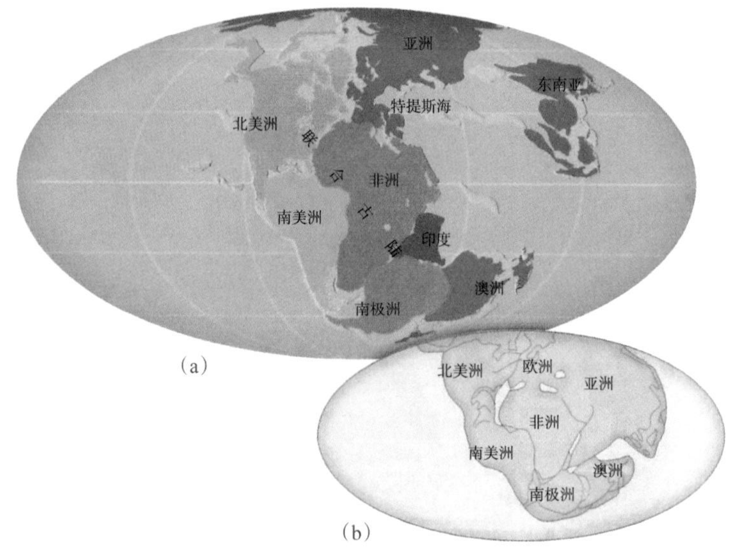

图 2.9　魏格纳的联合古陆

（a）现代重建的 2 亿年（200Ma）前的联合古陆图；（b）魏格纳于 1915 年重建的 2 亿年前的联合古陆图

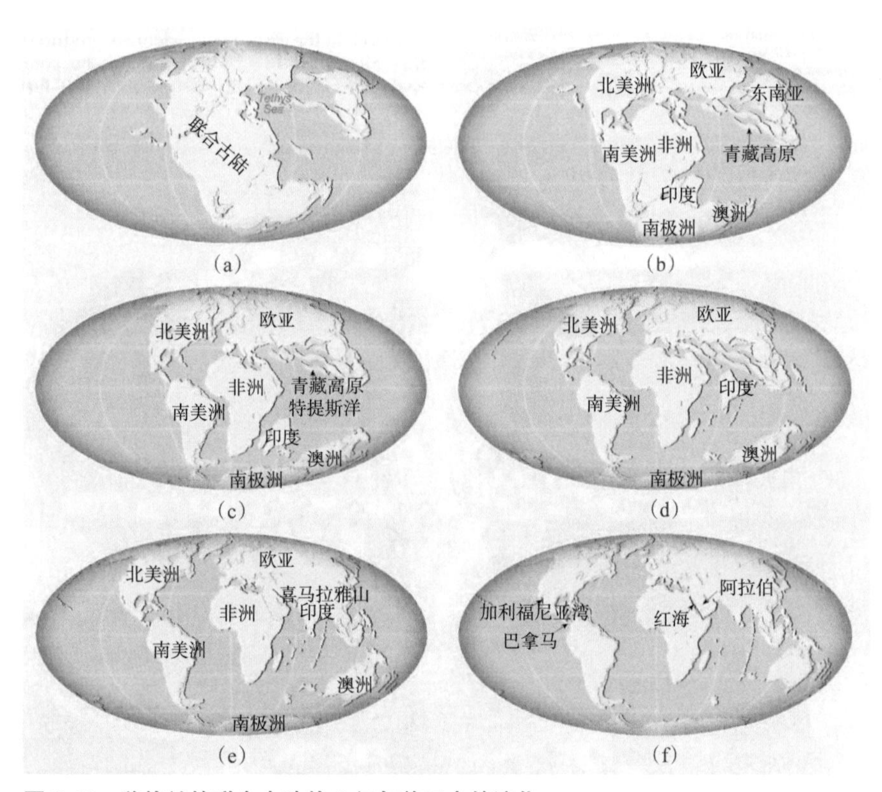

图 2.10　魏格纳的联合古陆从 2 亿年前至今的演化

（a）2 亿年前（早侏罗纪）；（b）1.5 亿年前（晚侏罗纪）；（c）9 千万年前（白垩纪）；（d）5 千万年前（早中生代）；（e）2 千万年前（晚中生代）；（f）现今

图 2.11　国际著名的地球物理学家、数学家英国杰弗里斯（Harold Jeffreys，1891—1989）

的计算，发现这三种力的合力太小，不足以推动大陆漂移，认为魏格纳的这个假设不成立。除此之外，在魏格纳时代，还没有发现地壳中大规模水平位移的正面证据。

在 1920 年代和 1930 年代初期，大陆漂移说与反大陆漂移的争论达到高潮。魏格纳的大陆漂移说遭到多数坚持传统观点、笃信大陆固定论的正统地质学家的抵制与否定，大多数重要的地球物理学家也以不表态来赞同正统地质学家，反对新的学说，并且指责大陆漂移是绝对不可能的事。杰弗里斯对待新的学说很“持重”。在他的名著《地球》（*The Earth*）一书第 4 版（1959 年版）中，用下述语言否定大陆漂移学说：“确实，我们可以用达顿（Clarence Edward Dutton）评论热收缩说的话来评论魏格纳提出的学说：‘它定量不够，定性不当，我们所需要了解的，它什么也没有说明。’”美国达顿（Clarence Edward Dutton，1841—1912）是国际著名的地震学家、地球物理学家，因改进测定震源深度和地震波在地球内部传播速度的方法及提出地壳均衡原理而著名。

魏格纳的大陆漂移学说长时间遭遇冷落。当时只得到南非地质学家杜托伊特（Alexander du Toit，1878—1948）和英国地质学家、爱丁堡

图 2.12　国际著名的英国地质学家、霍尔姆斯（Arthur Holmes，1890—1965）

大学霍尔姆斯（Arthur Holmes，1890—1965；图 2.12）等极少数科学家的支持。杜托伊特是大陆漂移说的热情支持者。他把他的巨著《我们漂荡的大陆》献给魏格纳，在书的扉页上恭敬地写道，“为了纪念阿尔弗雷德 · 魏格纳，他在对我们的地球所做的地质解释方面，具有卓越的贡献。”在高度赞扬魏格纳的同时，杜托伊特提出与魏格纳不同的见解。他认为存在两个原始古陆。这些大陆以前在北半球形成劳亚古陆（Laurasia），在南半球形成冈瓦那古陆（Gondwanaland）。霍尔姆斯也是大陆漂移学说的热情支持者。他是现代地质学的一位重要人物，由于他开创了用放射性方法测定地质年代的工作而著称于世。1929 年霍尔姆斯提出：大陆漂移可以用“固体”地幔内的热对流予以解释。具体地说，地壳曾经是一块完整的大陆带，由于地球内部不断放热，所以温度高，其黏滞性虽然比较大，但还是可以流动的。他发现在地幔中，炽热的岩石之间的对流所产生的力足以使大陆产生漂移，即：地幔中坚硬的岩石类物质被加热，从而密度变小、上升至地表，在地表处冷却下沉，然后再加热、再上升，周而复始地进行这样的循环。地幔层中的物质不断进行加热上升和冷却下降的循环，促使地壳分离成若干个板块。详细地说：地球形成以后，地核至地幔之间就会形成上面所说的大循环，而大循环又可分为许多小的孤立的对流循环，当循环至地表时，熔融的物质渗出，形成新的洋中脊，与此同时，岩浆继续流动形成了新的海底地壳，地质年代久远的海底地壳就被挤到两边，下降至地幔层。下降一般发生在海沟处。

霍尔姆斯为大陆漂移的机制提供了一个解释。霍尔姆斯的解释也可称为学说，同以往的各种假说不同。直到霍尔姆斯提出他的学说之前，大家以为大陆是在地幔上面航行的，很难说出恰如其分的作用过程。在霍尔姆斯学说中，按照地幔中有对流发生的假定，大陆是被像传送带一样的流动的地幔带动的。而这个传送带的“发动机”是由地球内部的热能和重力供给能量的。于是，地幔中究竟能不能发生对流，变成了争论的焦点。这点如同霍尔姆斯在其著作《物理地质学》一书的结尾中曾经强调的：“此类纯属臆想的概念，特为适应需要而设。在其取得独立的证明之前，不可能有什么科学价值。”

尽管如此，由于缺少机理上的证据，魏格纳的大陆漂移学说在当时仍然没有被广泛地接受。在他去世前一年即1929年，《大陆和海洋的起源》修订第四版出版。在这一版中，魏格纳作出了重大的贡献，他通过观测发现：较浅的海岸在地质年代上较年轻。然而，此时探讨大陆漂移的文章已寥若晨星。随着1930年魏格纳在格陵兰冰原上进行气象探险考察时以身殉职，大陆漂移学说遂渐渐沉寂，为人们所淡忘。到了1940年代就了无声息了。

魏格纳

魏格纳1880年11月1日生于柏林。他于1905年获得行星天文学博士学位，但是不久就对气象学、特别是大气热力学即“形成”天气的高空和极地气团的条件发生了兴趣；因此在1906年即他26岁时，他放弃了在林登伯格皇家航空气象台助理的职位，以一名气象学者的身份参加了丹麦探险队，历时两年（1906—1908）。在这两年的冬天，他曾多次参与格陵兰东北部的气象探险考察工作。这次探险后，从1808年到1912年，他在德国马尔堡大学物理学院任教，教授气象学和天文学。

1912年1月，魏格纳在缅因河上的法兰克福地质协会和马尔堡自然科学促进会上宣读的两篇论文中，第一次陈述了关于大陆漂移的论点。论文发表于暮春，恰好是他动身去格陵兰进行第二次探险考察之前。后来人们回忆，当时他是一个精力充沛的青年教师。他的显著特点是肯用脑子、坦率而且虚心，和学生接触时谦虚朴实。他的讲课非常简练生动，富有感召力，深受学生欢迎。他性格刚毅倔强，终其一生，大多数时间都在为捍卫大陆漂移学说作斗争。他的大陆漂移学说从一开始就遭到强烈的反对，受到当时大多数著名的地质学家极其强烈的反对与泰山压顶般的批评，到他逝世时也不为世人所接受。他们认为他不过是一位气象学家，对于地质学是门外汉。但魏格纳并不因此气馁，他更加勤奋工作，努力完善他的理论。他在很长一段时间里一直想在他的祖国——德国谋得一个教师职位，但屡遭挫折，直至他逝世前几年，才在奥地利格拉兹大学（University of Graz）而不是在德国获得大学教授的职位。魏格纳的屡屡受挫与迟迟得不到提职可能源于他广泛的科学兴趣。如魏格纳的好友与同事乔治（Johannes George）所说的，“人们不时听说他的提职申请被否决，因为他对评审委员会职权范围以外的事情更感兴趣——在世界科学的广阔领域中没有一个适合于他的职位。”令人扼腕的是在魏格纳提升教授不久、即在他第4次赴格陵兰冰原进行气象探险考察时以身殉职。

1929年，他带领一个预勘队到格陵兰冰原试验仪器，为第二年一次较大规模的探险作准备。1930年，乔治要魏格纳组织一次考察，在格陵兰冰原中部的艾斯米特（Eismitte）建一个观测高层大气射流（jet stream）的冬季气象站。艾斯米特（Eismitte）字面上的意思即“冰的中部”。由于天气恶劣，魏格纳和其他14名格陵兰同伴一再推迟行期，直至1930年9月才乘坐15辆雪橇、带着4000磅的补给品出发去建冬季气象站。因为严寒，他的格陵兰同伴除了一位外都折返了，但魏格纳决定继续前往气象站，因为他知道乔治和其他研究人员急需补给品。在零下54摄氏度的极其恶劣的天气条件下，经过5个星期的艰苦跋涉，魏格纳到达了位于冰原中部、海拔3000米和距离东海岸与西海岸都大约400千米远的艾斯米特气象站。1930年11月1日，在艾斯米特气象站魏格纳度过了他的50岁生日。魏格纳希望尽可能快地回到家，坚持第二天上午就从这个中格陵兰最北部的基地出发，启程返回在西海岸的大本营。但是，他和他的纽因特人向导维拉姆森（Rasmus Villusen）再也没有返回到西海岸。西海岸站推测他们留在艾斯米特站过冬了。翌年春天5月，当一个换班的小队到达艾斯米特站时，才发现魏格纳业已失踪。随后，在两站间大约各一半路程的地方，他们找到了他的遗体。显然，魏格纳是由于精疲力竭而死在他的帐篷里的。他的纽因特人向导维拉姆森把他的遗体小心地掩埋在那里的雪中了。看来，维拉姆森曾试图继续单独完成旅行，但是人们再也没有找到他和他的雪橇。

魏格纳在德国内陆冰上探险队的一个主要目的是应用新技术、包括回波探测法测定冰层的厚度。魏格纳作为大陆漂移学说创始人所取得的声望不应掩盖他毕生对于格陵兰探险事业的贡献。虽然他没有能够活到亲眼看到他的大陆漂移学说被普遍接受，但直到逝世，他一直在首创后来对大陆漂移—海底扩张—板块构造学说给以有力支持的技术。从船上探测海底的回波探测法的进展，在1950年代激起了对大陆漂移学说兴趣的复苏；用人工方法激发的地震波研究地球内部构造，对于板块构造学说的确立，曾经起到了重要的作用。

大陆漂移学说的新证据

正当大陆漂移学说走向沉寂的时候，地球物理学家却作出了一系列“意外”的发现。根据海上重力测量的结果，国际著名的地球物理学家荷兰温宁－迈内兹（Felix Andries Venning-Meinesz，1887—1966；图2.13）断言，洋底在海沟处插入大陆之下；最先由国际著名的地震学家日本和达清夫发现、随后由国际著名的地震学家美国贝尼奥夫系统研究的大陆边缘倾斜的地震带（现在称为和达-贝尼奥夫地震带），为温宁－迈内兹的断言提供了旁证。到了1950年代中期，由于又发现了新的强有力的证据，大陆漂移的假说才又被重新审视，并得到了新的发展。这些新的证据包括：

（1）地球上层的水平向大断裂

许多反对大陆漂移的地球科学家认为：地壳运动主要是垂直运动，因此不能接受像大陆漂移那样大规模的水平运动；然而后来的观测证

图 2.13 国际著名的地球物理学家荷兰温宁 – 迈内兹（Felix Andries Venning-Meinesz，1887—1966）

明，大规模的平移断裂毕竟是存在的——大陆和海洋都有。

新的观测证明大规模的平移断层在地球上层的确是存在的，如北美西部圣安德烈斯大断层。圣安德烈斯大断层沿着美国加州西部向东南方向延伸，其长度超过 960 千米。它一部分经过陆地，一部分入海。经过多年的研究，一般都承认这条断层自距今大约 1 千万年（10Ma）以来，至少平移了 400 ~ 500 千米，自第三纪以来，断层的东侧相对其西侧就已经往东南方向水平移动了 200 千米，而且这个位移到今天仍在进行，其速率大约为 5 厘米 / 年。经地质学家多年的考察研究，在环太平洋地区，除了这条断层外，在我国台湾地区、菲律宾、新西兰、南美等地区，都有巨大的平移断裂。

不但在陆地上有大断裂存在，海上地磁测量发现海底大断裂的水平错动甚至比陆地上的还大。磁异常等值线的图案沿着大断裂有很大的错动，显示出断层两边地壳的水平错动。水平大断裂的例子很多，除太平洋外，加利福尼亚大学斯克里普斯海洋研究院的一些科学家在东太平洋中发现了规模超过圣安德烈斯断层的大断层。这些都说明地球上层确有大规模的水平运动存在。不过，要证明大陆漂移，还需要有其他的证据。

（2）大陆的拼合

启发魏格纳大陆漂移假说的事实之一是南美洲的东海岸与非洲西海岸的相似性。但是有人认为这只是表面的，因为地图上的这两条海岸线并不真正符合。

的确，海岸线的形状受海面变化的影响很大，即使南美洲和非洲原来确实是相连的，在分离后经历了漫长的地质年代大规模的移位以后，也不能期望它们的海岸线现在仍然符合。如果它们在分离了漫长的地质年代后仍保留原来的形状不变或不毁坏，那将是非常奇怪的。即使海岸线和地层碰巧完全符合，那么与其说这证实了大陆漂移学说，还不如说是推翻了这个学说！海岸线符合也罢，不符合也罢，两者都不利于大陆漂移学说。也就是说，进行比较的时候，两块大陆应当放在什么相对位置上，要有个标准，不应只靠直观。适当的对比应以较深的边缘（如大陆坡）为标准。到了 20 世纪 60 年代的时候，国际著名的地球物理学家英国布拉德（Edward Crisp Bullard，1907—1980；图 2.14）等采用了最小均方根误差的方法，根据最精确的海深图和运用电子计算机计算，把非洲的西海岸与南美洲的东海岸在 500 英寻（约 900 米）的深度处拼合。拼合时，重叠部分和空隙部分都表示在图上。布拉德工作于英国国家物理实验室（National Physical Laboratory），即以卡文迪什（Henry Cavendish，1731—1810；图 2.15）姓氏命名的实验室。他们发现这两个大陆可以很好地拼接在一起，由重叠和空隙引起的拼合的误差平均只有 88 千米。图 2.16 显示布拉德等得到的非洲与南美洲在 500 噚的深度处拼合的结果，图中重叠和空隙的地方分别用深紫色和红色表示。由图可见，这两个大陆可以拼合得非常完美。他们用同样的方法也将南北美洲、非洲、欧洲和格陵兰都拼合起来。上面说的大陆的拼合方案并非是唯一的方案，根据地质或其他方面的考虑，还可能有其他的拼合方案。例如，瓦因（Fred J. Vine，1939— ）的拼合方案就不要求将西班牙做特殊的转动。尽管如此，重要的是这些拼合的结果强烈地表明某些大陆原

图 2.14　国际著名的地球物理学家英国布拉德（Edward Crisp Bullard，1907—1980）

图 2.15　国际著名的化学家与物理学家英国卡文迪什（Henry Cavendish，1731—1810）

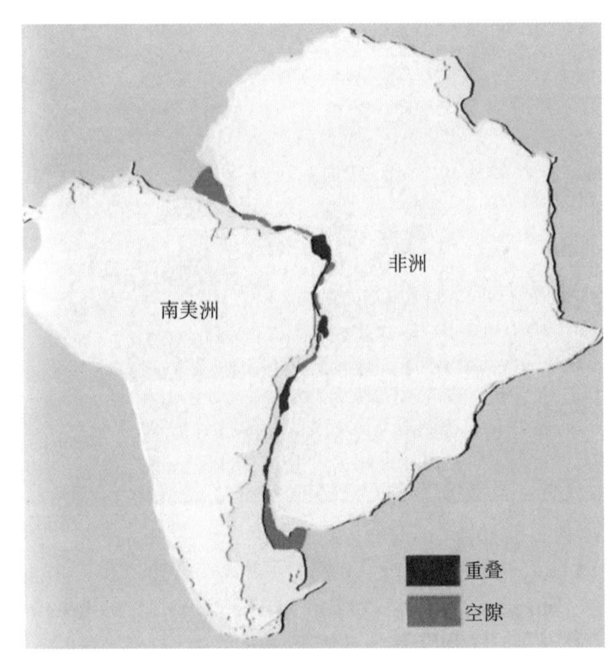

图 2.16　大陆的拼合

图中显示非洲的西海岸与南美洲的东海岸在 500 㖊（约 900 米）的深度处拼合。重叠部分和空隙部分分别用深紫色和红色表示

来很可能是连在一起、以后再分开的，特别是非洲和南美洲。这种印象不是用“偶然”可以消除的。然而，仍有人还是认为这一切都是幻觉而不予置信。

（3）大陆漂移的古地磁学证据——古地磁极的迁移

大陆漂移学说一直缺少证据。直到1950年代，随着对岩石磁性研究的不断深入，有关大陆漂移学说证据才越来越多。

图2.17 国际著名物理学家、1948年诺贝尔物理学奖获得者英国布莱克特（Patrick M. S. Blackett，1897—1974）

伦敦帝国学院（Imperial College）布莱克特（Patrick M. S. Blackett，1897—1974）和他的学生剑桥大学朗科恩（Stanley Keith Runcorn，1922—1995）以及布拉德共同开展对地球磁场性质的研究工作，并把岩石磁性研究作为研究课题之一。英国布莱克特（图2.17）是国际著名物理学家，他在核物理和宇宙射线方面的研究成就获得了1948年诺贝尔物理学奖。他们通过研究发现，地壳中新生成的岩石记录了在它们形成时地球磁场的大小和方向。为了进一步了解岩石磁性是不是随方向变化，三位科学家和他们的学生搜集了大量有关在地质时代岩石相对于地球磁极移动的古地磁资料。

早在1920年代，地球科学家就已经知道，不同地质年代的岩石具有不同的磁极，有时磁力线方向指向北，有时磁力线方向倒转指向南（图2.18）。若用2000万年（20Ma）以内的岩石去测定古地磁的位置，所得的结果都和地理极（地球的旋转极）相差不远，偏离在测量误差范围之内，但若用更古老的岩石，例如3000万年（30Ma）前的岩石，所得的位置便和岩石所在的地区有关系，由不同的大地块所定的磁极位置相差很大。即使用同一地块的岩石，不同地质时期的地磁极位置也不一样。

图2.19给出了北美洲、澳洲自6亿年（600Ma）以来古地磁极移动的轨迹。可以看出，北美洲与澳洲的古地磁极在5000万年（50Ma）以来是一致的，但在这之前的6亿年（600Ma）以来，两条古地磁极的迁移轨迹是不一致的。由不同地块得到的大量古地磁极迁移轨迹都交汇于地球的旋转极，但在以前的地质时期里却相距甚远。若地磁场一向是一

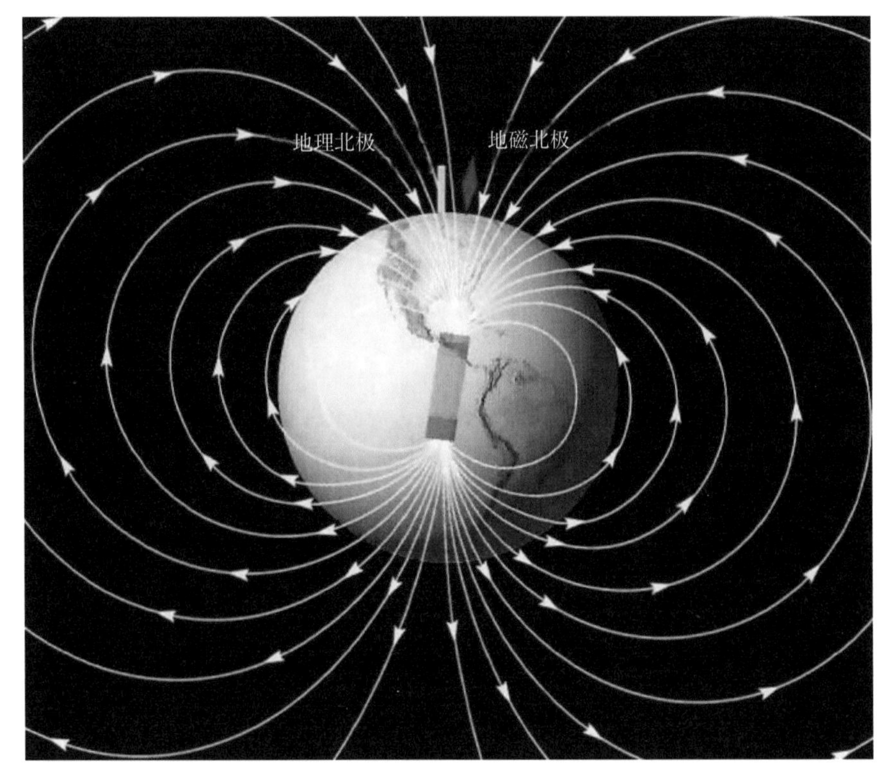

图 2.18 地球磁场分布示意图

地球磁场的分布与一个放在地球中心、与地球自转轴成大约 11 度角的磁铁棒产生的磁场（称为磁偶极场）很相像。图中红色箭头表示地磁北极，白色线段表示地理北极。看不见的磁力线由地磁南极（磁铁棒红色端部）发出，到达地磁北极（磁铁棒蓝色端部）

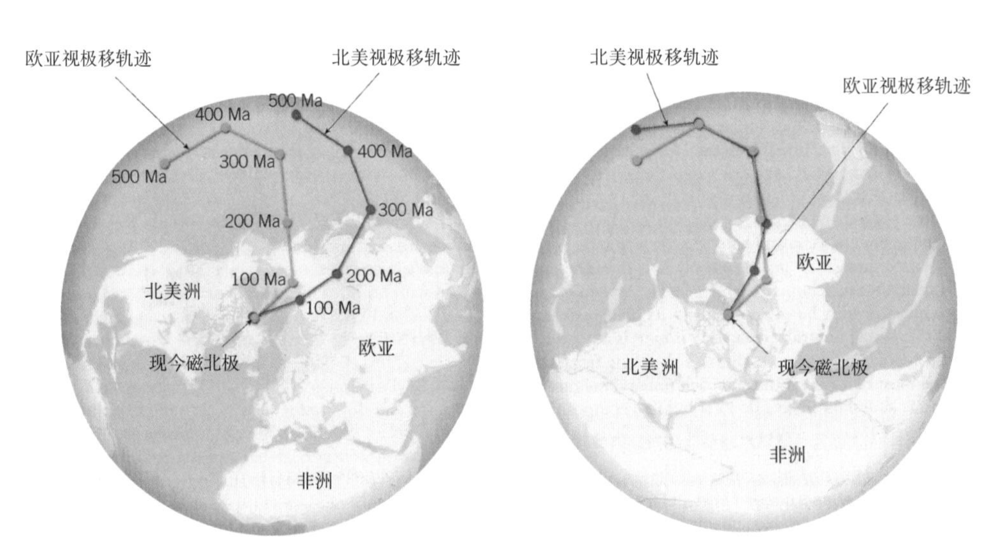

图 2.19 大陆漂移的古地磁学证据

个偶极场，这只能意味着这几个地块的相对位置在地质年代里和现在不一样，也就是说，大陆在漂移。自二叠纪以来，最大的相对位移超过了90度，即约4厘米/年，这个数值与用其他方法所估计的地球上层大规模水平运动的速度同数量级。为解释这一现象，英国伦敦大学黑格（G. Haigh）、英国纽卡斯尔（New Castle）大学朗科恩分别提出了两种可能的解释：①或者是地球的两极向着大陆相对移动；②或者是大陆相对于地球的两极移动。

到了20世纪50年代中期，堪培拉澳大利亚国立大学伊尔文（Edward Irving）通过搜集与整理古地磁数据，证明了大陆漂移理论，这使得布莱克特、朗科恩、布拉德等对魏格纳的理论非常信服。各大洲岩石具有不同的视极移路径，这些路径与魏格纳大陆漂移理论所提出的大陆位置一致。

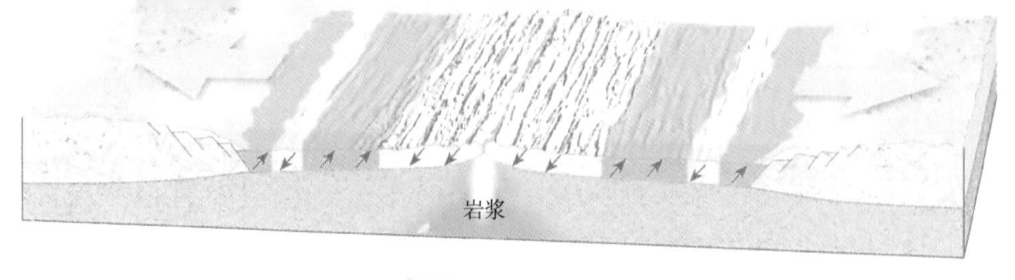

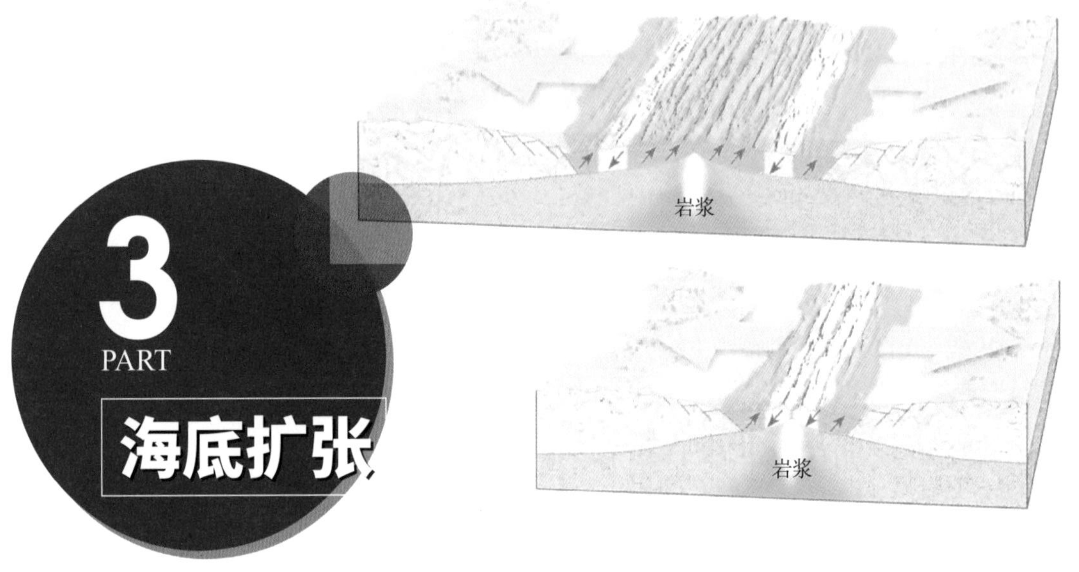

3 PART 海底扩张

大陆漂移的假说虽有不少可信的证据，例如地磁学方面得出的大陆在地质年代里曾经移动的证据，但仍然缺少机理上的证据。在旧形式下，它不能解释：硅铝质的大陆如何能够在高强度的硅镁层中漂移？海底扩张假说给这个问题提供了答案。

海底扩张假说的提出

由于战争的需要，促使了声呐（SONAR，Sound Navigation And Ranging，声波导航和测距）定位技术水平的提高。第二次世界大战时的美国海军军官、普林斯顿大学地球物理学家、地质学家赫斯（Harry Hammond Hess，1906—1969）开创了海底探测的先河。

赫斯毕业于耶鲁大学，1932 年获哲学博士学位以后在普林斯顿大学任教。第二次世界大战期间，他应征入伍，加入海军，任攻击运输

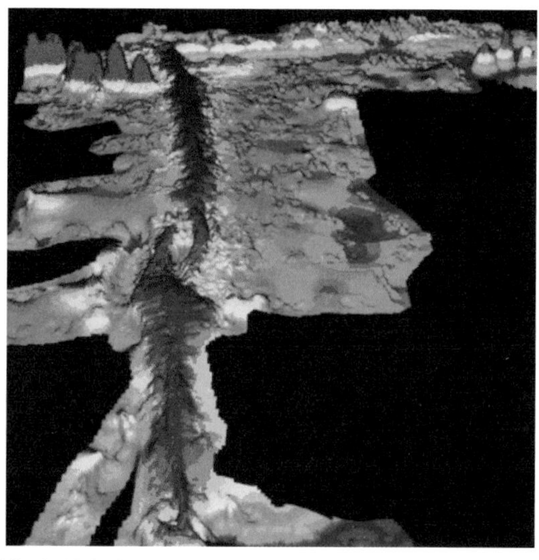

图 3.1　国际著名的海洋地球物理学家美国赫斯和洋中脊

（a）身着海军制服的赫斯（Harry Hammond Hess，1906—1969）；（b）东太平洋中隆的一小段洋中脊地形图。暖色（黄至红色）表示洋中脊高于洋底，冷色（绿至蓝色）表示高程较低的洋底

舰“约翰逊角（Cape Johnson）”号军舰的舰长。第二次世界大战后，他仍留任海军后备役军官，官至海军少将。职务的转换并未改变他热爱海洋、揭示海洋奥秘的理想。他一边服役，一边从事地球物理学研究。作为军舰指挥官，他的军舰拥有强大的声呐探测系统。他参加过著名的马里亚纳（Marianas）、莱特岛（Leyte）、林加延（Linguayan）湾以及硫磺岛（Iwo Jima）等战役。他利用由一个战场移师另一个战场、执行军事任务的机会，在他的军舰官兵的配合下，经常运用声呐系统测量鲜为人知的海底：首先发出声脉冲信号，然后接收从海底反射回来的声波，从而检测出船底距海底的距离。当时，赫斯将多次来回经过时的测量结果结合在一起，绘制了海底地形图。他在第二次世界大战服役期间，绘制了 100 多座海底平顶山脉的地形图。

第二次世界大战结束后，赫斯回到普林斯顿大学继续他的研究工作。对海底山脉的兴趣，促使他在 1950 年代一直从事海底山脉的研究。他潜心研究海底山脉，把所搜集到的资料加以分析，上升为理论，绘制了海底地形图。他绘制的海底地形图显示，海底实际上是有山脉的。他发现，在大洋底部有连续隆起、像火山锥那样但顶部平坦的山脉。他认为，平顶的海底山脉原先是海底火山的顶部，是后来逐渐被海水侵蚀、变为平缓的。

与此同时，美国哥伦比亚大学也迅速发展成为海洋地质学与地球物理学学术研究中心。哥伦比亚大学的海洋地质研究项目是由伊文（William Maurice Ewing，1906—1974）领导的。在1950年代的初期，哥伦比亚大学的拉蒙特地质观测所（Lamont Geological Observatory）[现在称为拉蒙特-多赫蒂地球观测所（Lamont-Doherty Earth Observatory）]就派出海洋科学研究考察船到大西洋，用声波探测海底，搜集到了大量的相关资料，并于1952年开始组织科学研究人员用这些资料绘制海底地形图。

大西洋海底有一条称为大西洋中脊（Mid-Atlantic Ridge，MAR）的山脊，它从平坦的大西洋两边缓慢隆起，洋中脊的峰从海底量起可高达3千米以上，差不多把大西洋一分为二。大西洋海底的这一地质特征早在1870年代中期就为世人所知。但拉蒙特地质观测所的科学研究人员惊奇地发现：洋中脊不但很高而且很长，它几乎有从格陵兰岛的北部一直到非洲南部地区那么长，全长约9000英里（约15000千米），比落基山脉和安第斯山脉长度的总和还要长。大西洋中脊宽约1000千米，它从深约5000米的洋底升起，但大约为200千米宽的中心带则具有高低不平的多山地形特征，山峰高度在1000米以上。与厚度可达数英里的大陆边缘地区的平原沉积物相比，海底洋中脊的顶峰上几乎没有沉积物。最让人意想不到的是，大西洋中脊有一条很深的峡谷，即海沟，海沟的平均深度约为6000英尺（约1.8千米），可以很容易地容纳下最宽约18英里（约29千米）的美国科罗拉多河的大峡谷。从海沟采集到的海底的标本看，虽然海洋地层的地质年龄很古老，但海底的地质年龄却极为年轻，比大陆要年轻得多。海底的物质是由极年青的、漆黑的火山岩组成的，迄今还未在海底发现过比白垩纪更老的岩石。海底沉积的厚度很薄，海底火山的数目也比较少。这一切都说明海底的年龄才几亿年（100Ma）。

1959年，拉蒙特地质观测所的科学家希曾（Bruce C. Heezen）、萨普（Marie Tharp）和伊文共同编辑出版了反映北大西洋中脊的地形图。洋中脊连同大陆、海洋三者号称地球的三大物理特征。在这个地图出版之前，虽然通过回声探测已经有了关于全世界其他海洋海底的类似地图，但这一全球洋中脊海图呈现出了海底地形非常独特的、新的图像。他们发现，在海底像大西洋中脊这样的比大洋盆地高出来许多的、绵亘不断的海底山脉，在世界各海洋中都有，并且形成环绕全球的洋中脊系统。向南伸展的大西洋中脊环绕非洲大陆南部，并且进入印度洋。在印度洋中部，洋中脊分叉，其东部分支经过南极海伸展到太平洋。在这里它与南美洲西海岸的著名的东太平洋中隆汇合。并非所有的洋中脊都具有中央断裂谷的特征。例如，东太平洋隆起是一个较低的、较平滑的隆起，沿其顶部并没有中央裂谷。而且，洋中脊并不是连续的，它是分段的，每段都像是被错开似的。经声呐测量的整个洋中脊（海底山脉）系统的总长度达 37200 英里（约 6.4 万多千米），可绕地球赤道 1.5 圈。如海底地形和水深图（图 3.2）所展示的，环绕全球的洋中脊系统（现在我们知道其总长度不是 6.4 万多千米，而是大约 8 万多千米）的这些特征使人联想起它们可能有着共同的起源，并且说明这些洋中脊是地球的裂缝，是地壳破裂所在处。

图 3.2　海底地形图

全球地震分布的资料表明，海底地震带恰好与洋中脊系统的空间展布相吻合。在大西洋中脊，地震震中恰好沿着洋中脊的顶部排列。在东太平洋中隆也发现类似的情况。显然，在这些洋中脊下面有着某种活动在进行着。拉蒙特地质观测所的研究人员还绘制了海沟地形图。海沟即海洋盆地的最低处，海沟环绕着太平洋分布。在印度洋的东北缘也发现有深海沟。

热流测定提供了这些洋中脊是地壳破裂的另一个证据。加利福尼亚大学圣迭戈分校斯克利普斯海洋学研究院（Scripps Oceanographic Institution）对东太平洋进行的大范围测定的结果说明：沿着海底洋中脊顶部的热流值非常高，是正常值的 8 倍；但沿着洋中脊的侧面，热流值则非常低。在大西洋中脊，也得到类似的结果。一种解释认为这是因为热产生于海底下的地幔内，并通过地幔对流传送到地表。

深海地震测深的结果也说明洋中脊下面的温度极高。根据深海地震测深可知，在东太平洋中隆下面的上地幔，地震波的传播速度是非常低的。因为地震波的速度随温度升高而降低，所以如果其他情况一样，异常低的波速就意味着温度异常高。

图 3.3　国际著名的海洋地球物理学家美国迪茨（Robert Sinclair Dietz，1914—1995）

依据以上叙述的、通过海底探测得到的最基本的重要发现，赫斯和迪茨（Robert Sinclair Dietz，1914—1995）于1961—1962年间几乎同时各自独立地提出了关于大洋岩石层生长和运动的海底扩张假说。

在研究洋中脊地质构造的过程中，赫斯总结出自己的一套理论，并于1962年发表了一篇非常著名的论文，题目为“海洋盆地的历史（History of ocean basins）”，提出了海底扩张假说。他认为：从地壳中流出的火山岩是裂缝的黏合剂，在地幔对流的驱动下，海底正沿着洋中脊向外缓慢地扩张。比赫斯的这篇于1962年正式发表的论文早一年，1961年迪茨在《自然》（*Nature*）杂志上发表了一篇论文，题为“大陆和海洋盆地随海底扩张的演变”。在这篇论文中，他独立地提出了海底扩张的观点。迪茨是美国海军海岸和大地测量局电子学实验室的一名海洋科学家，曾经参加过美国海军的海洋探测和海洋填图工作，他是在菲律宾以东的马利亚纳海沟发现海底扩张现象的。

虽然赫斯的这篇论文正式发表比迪茨的论文正式发表要晚一年，但是在1962年前（1960—1961年）赫斯论文的有关内容的预印本已在普林斯顿大学内外广为传播，因而被认为是比迪茨的论文较早的有关海底扩张的第一篇论文。1963年，迪茨把首创权让给了赫斯。考虑到这一时期在地球科学中许多科学家同时作出创新性发现的情形很多，迪茨的这一行动很不寻常，“把事情处理得很好”。迪茨的高风亮节广受赞誉。地球科学界也普遍认为，无论海底扩张的概念最先出自何处何人，赫斯的确是把所有的细节归纳在一起写成一篇完整论文的第一人，认为赫斯应获得首创权。然而迪茨的贡献以及他是第一位在刊物上正式发表论文提出海底扩张观点、第一位提出使用“海底扩张（sea-floor spreading）”这个术语的贡献也不应抹杀，因此现在公正地称海底扩张假说（或学说、理论）为赫斯-迪茨假说（或学说、理论）。

在这篇对板块构造学说的创立与发展作出最重要贡献的论文中，赫斯概述了海底扩张的基本思想。赫斯的设想是一个很勇敢的想法，因为这一概念是想象出来的，当时还缺乏验证他的假说或学说的有关资料，所以他把“海洋盆地的历史（History of ocean basins）”这篇论文比喻成一首“地球的诗篇”，似乎是向世人宣称：我的理论是正确的。也许理论中有的地方现在证明不了，但将来一定会得到证明。这篇论文在学术界引起了不小的震动。

与魏格纳的大陆漂移假说一样，赫斯的海底扩张假说也遭到强烈的反对，因为那时几乎没有什么可以验证他的有关海底假说的资料。赫斯曾任普林斯顿大学地质学系主任多年，于 1969 年逝世。与魏格纳不同，他生前得以看到自己提出的海底扩张假说被广泛接受，并且在他活着的时候因为有关海底知识的急剧增加而得到证实。与魏格纳一样，赫斯兴趣广泛，涉猎甚广。他除了对地质学感兴趣外，对其他学科也十分感兴趣与执着。1962 年，他被时任美国总统的肯尼迪（John F. Kennedy）任命为美国国家科学院空间科学学部主任。赫斯除了对板块大地构造学说的创立和发展作出重大贡献外，对于美国空间计划也曾起到重要的作用。

在地震学证据的启发下，赫斯认为地球的内部可以分为许多层。当时，地球科学家也已经增进了对地球内部结构的认识。他们不再认为地球内部是单一的铁核，而是把地球内部分为：由铁元素构成的固态地球内核；地球内核外面包裹着一层以铁元素为主的金属合金流体，称为地球外核；然后，包围着地球外核的一层是地幔；最后，地球的最外层为很薄的海洋地壳层和很厚的大陆地壳层。赫斯在他的理论中详细地阐明了地球的构造演化过程：当放射性衰变释放热量对新形成的致密的行星地球的内部加热时，会使稀铁岩石熔融，并使其从内部上升到地表层，冷却下来的稀铁岩石便形成一个单一大陆块的地壳。

正如霍尔姆斯在 1929 年提出的那样，赫斯认为，一旦作为行星的地球形成，在地幔中将产生出由上升的物质和下降的物质构成的对流环。赫斯明确指出，地幔内存在热对流，大洋中脊正是热对流上升使海底裂开的地方。熔融的岩石（岩浆）由地球内部上涌，沿着洋中脊冒出，遇水冷却凝固，形成新的海洋地壳；当岩浆继续流动时，较老的、冷的海洋地壳通过地幔对流被带动，沿着岩浆流动方向分别向两侧离开，不断地向外推移，造成海底扩张。在扩张过程中，当海洋地壳遇到大陆地壳时受到阻碍，海洋地壳遂向大陆地壳下方俯冲，下沉到地幔中，最终被地幔熔融、吸收，达到消长平衡。这样一来，赫斯便把海洋与大陆的形成归之于扩张的、移动的海底的运动。赫斯提出，海底扩张以相当于指甲生长的速率进行，从而整个洋底在 2 亿 ~ 3 亿年间便更新一次。

海底扩张假说在开始提出的时候，只是一种推想或假说，根据是不充分的，似乎无从检验。但以后越来越多的观测证明它是可信的，其中最突出的证据是地磁场的倒转和地磁异常的线性排列。

地磁场倒转和地磁年表

根据弗兰克尔（H. Frankel）1987年发表的一篇论文可知，早在1797年德国洪堡就已提到了岩石的磁化方向有时与地球磁场的方向不同。1906年，法国布容（Bernard Brunhes）进一步观测到某些火成岩具有的剩余磁性（简称剩磁）在极性上与“正常”的岩石不同。当时已意识到，这种情形有可能是岩石冷却过程中通过居里点温度时地球磁场具有倒转的方向造成的。到了1920年代时，科学家们就已经知道，不同地质年代的岩石其磁化方向有时与现在的地磁场方向相反，即地磁场倒转，但并未引起重视。以后的观测表明岩石的反向磁化是一个相当普遍的现象。科学家们还详细地确定了正、反向磁化在时间上的分布，发现正、反向磁化和岩石的形成年代有关。

1959年拉坦（Martin G. Rutten）提出，地球磁场会交替变换其磁化方向。这一发现于1963年得到了美国地质调查局（US Geological Survey，缩写为USGS）柯克思（Allan Cox）、多尔（Richard R. Doell）、达林姆普勒（G. Brent Dalrymple）和在伯克利加州大学工作的国立澳大利亚大学的麦克杜格尔（Ian McDougall）研究结果的证实。科克思、多尔、达林姆普勒和麦克杜格尔对过去3.5百万年（3.5Ma）的地磁场倒转历史进行了研究，他们通过对火山岩放射性周期的测量准确地测定了岩石的地质年龄，发现正常磁性时期和反常磁性时期交替出现。极性持续几十万年不变磁性时期的称为“期（epoch）”，以在地磁工作中有过贡献的科学家的名字命名，如布容期、松山期、高斯期和吉尔伯特期，等等。每一个极性期中还出现10万年到20万年的极性相反的短期间隔。这个极性变化的短期间隔称为极性事件（event），并且以首先发现的地方命名。他们最早的、最原始的地磁极性倒转年表发表于1963年。在随后的一些年中，他们又发表了具有更加确定的地磁场倒转时间界限的地磁极性倒转年表。研究工作十分艰难，三年以后即1966年，他们终于绘制出3.5百万年（3.5Ma）的岩石磁性倒转时间表，证据已足以使大多数科学家相信，地磁场极性的交替变化是地球历史的一个基本特征。

赫斯认为，岩石的磁化方向有时与现在的地磁场方向相反，这个现象既不是局部的，也不是偶然的。岩石的磁化方向是正向还是反向，在时间上是全球一致的。之所以出现这种独特的现象，唯一的解释是地磁场本身在地质年代里曾多次转换方向。地磁场转向的时间是很不规则的，但转向的时间是确定的。因此，可以按照地磁场的方向编制一个地磁极性方向的年表，称为地磁极性倒转年表（图 3.4），简称地磁年表。根据这个年表，可以根据岩石磁化的方向来确定它形成的年代。如果海底是扩张的，当熔融的岩石从地幔上升至地表凝固时就会像磁带机一样，记录下凝固时的地球磁场的方向，或者是正向的（图 3.5a），或者是反向的。因为新形成的板块逐渐向两边移动，所以如果观察海底岩石的磁性的话，就会发现在离洋中脊较近的地方，岩石的磁性或者是正向的，或者是反向的，并且年龄比较轻（图 3.5b）；而在远离洋中脊的地方，或者是正向的，或者是反向的，但年龄比较老（图 3.5c）。海底其实就是一台巨大的磁带机，上面记录着地磁场变化和海底扩张的信息（图 3.5）。因此如果测定垂直于大洋中脊方向的岩石的磁性，根据岩石磁性异常的正、反向，就可以推断洋中脊在地质年代里是怎样移动以及是以多大速率互相背离运动的，从而也就证实了海底的扩张（图 3.6）。岩石磁性异常条带的宽度和磁极期的持续时间数量级为 100 万年（1Ma），即 10^6 年。上述数值给出洋中脊扩张速率的数量级为 1 厘米 / 年。这一结果与用其他资料估算的扩张速率的结果是一致的。

科学家对于海洋的研究一直没有中断过。在冷战时期（1947—1991 年），对于海洋地磁的研究也是日新月异。1958 年，梅森（Ronald G. Mason）、梅纳德（Henry W. Menard）和瓦克奎尔（Victor Vaquier）共同发现了在北美西海岸外有一系列线状的磁异常高值带。1961 年，工作于海洋学院的雷弗（Arthar Raff）和梅森（Ronald G. Mason）绘制出北美西海岸的海底磁异常图（图 3.7）。梅森和雷弗指出，这些图像在广大区域存在。海底磁异常是洋底物理研究的一个重要发现，但是对于这些磁异常的成因，起初并不清楚。梅森和雷弗曾假设，这些磁异常是由于埋藏地势造成的，或者是由不同磁化率的物质逐次侵入造成的。是否由于在海洋地壳的岩石组分中存在着条带状的不均匀性，从而导致磁化强度的不均匀性引起的呢？不像是这种情况。因为同时发现条带状图像在岩石

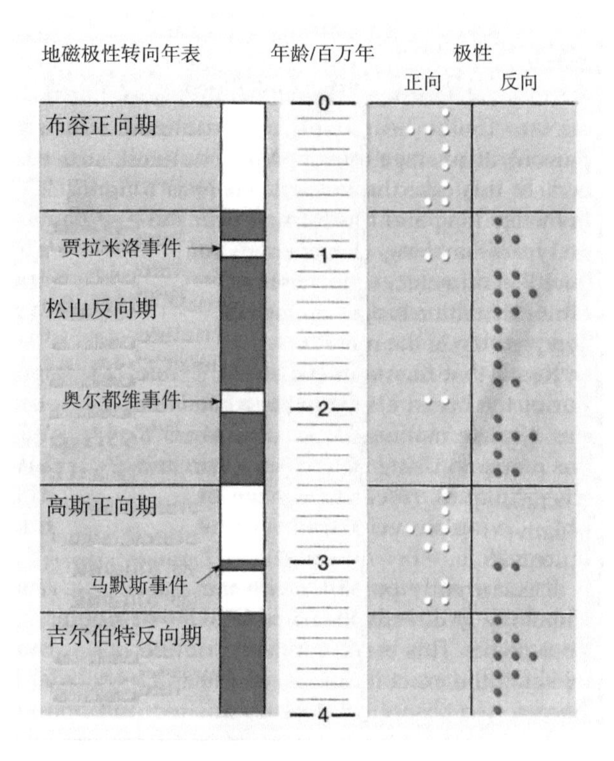

图 3.4　地磁极性倒转年表

图 3.5　海底是一台巨大的磁带机，上面记录着地磁场变化和海底扩张的信息

（a）在洋中脊，新的玄武岩添加在洋底，按地球当时的磁场磁化；（b）新形成的板块逐渐向两边移动，离洋中脊较近的地方，岩石按地球较近期的磁场磁化，年龄较轻；（c）离洋中脊较远的地方，岩石按地球较早时的磁场磁化，年龄较老

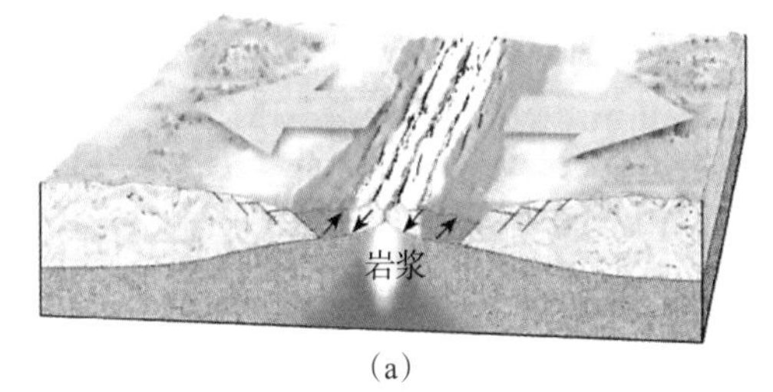

（a）

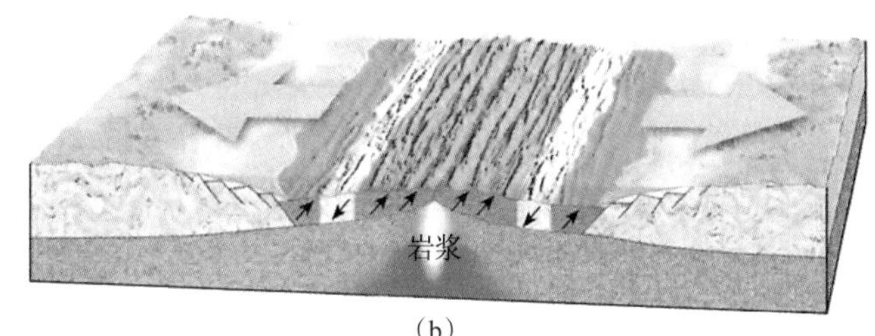

（b）

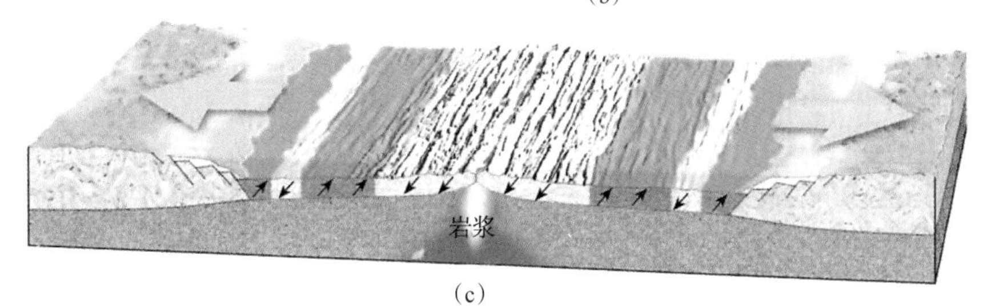

（c）

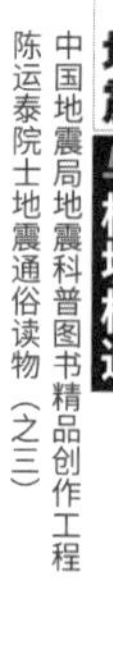

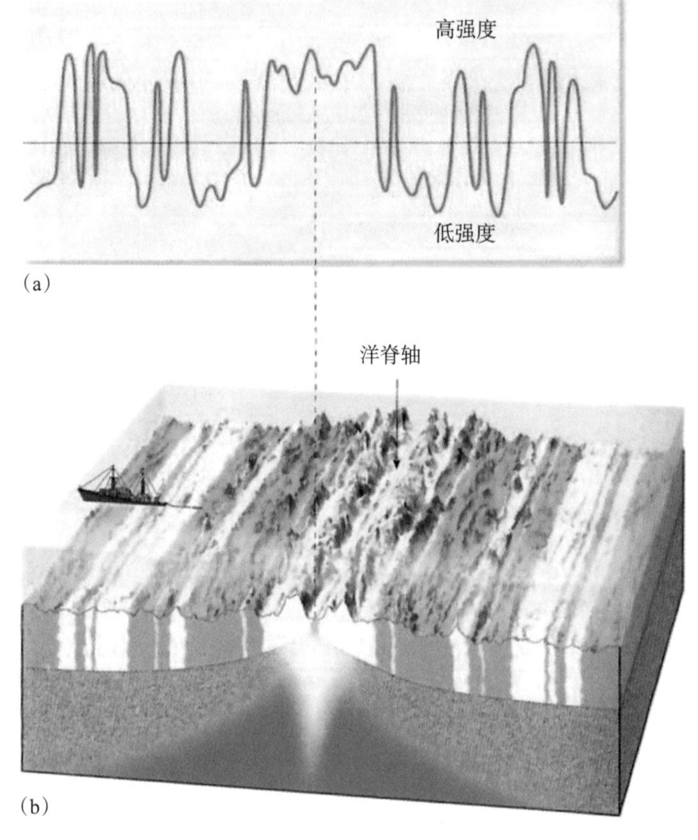

图 3.6　海洋地磁测量

(a) 测定垂直于大洋中脊方向的岩石的磁性显示出通过洋脊的对称磁场；
(b) 研究船拖着磁力仪通过洋脊顶峰

组分均匀的情况下也是存在的。海底磁异常在海洋地球物理学中，是一个长期以来存在的谜。

正在剑桥大学攻读博士学位的年轻的研究生瓦因（Fred J. Vine，1939—）和他的博士生导师、剑桥大学年轻的地球物理学教授马修斯（Drummond H. Matthews，1931—1997）把磁异常条带、地磁场倒转和海底扩张结合在一起，认为磁异常条带图像的产生不是由于磁化强度的不均匀性，而是由于磁化方向的不一致所致（图 3.8）。沿洋中脊的下伏岩石，正如赫斯-迪茨的海底扩张假说所预期的那样，在形成时的岩石冷却过程中通过居里点温度时被交替地正常磁化和反常磁化、地球

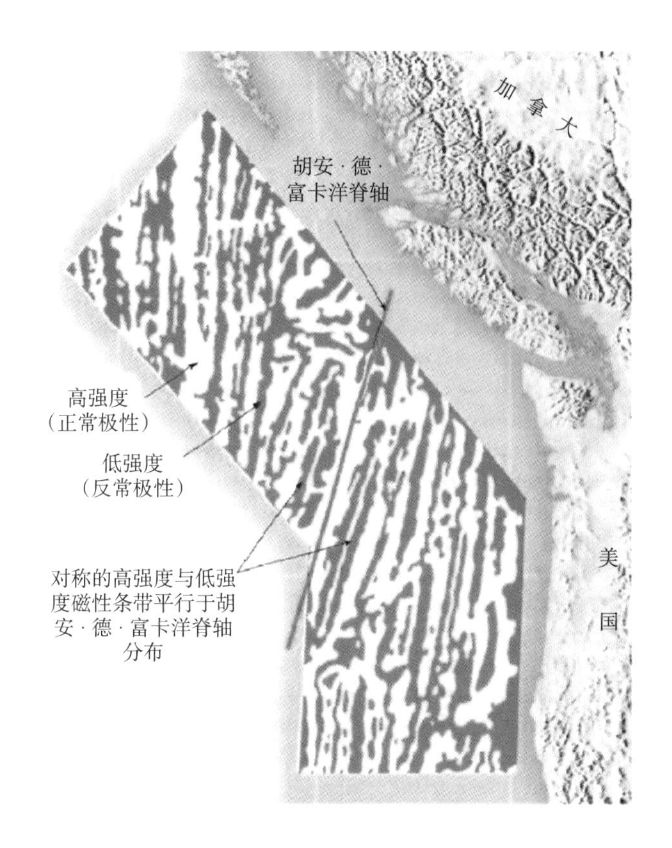

图 3.7 北美西海岸外东太平洋胡安·德·富卡（Juan de Fuca）洋中脊的磁异常图

图 3.8 瓦因（左）和马修斯（右）

瓦因（Fred J. Vine，1939— ）和他的博士生导师、剑桥大学地球物理学教授马修斯（Drummond H. Matthews，1931—1997），摄于 1970 年

磁场具有倒转的方向造成的，以此不难解释诸如在印度洋卡尔斯伯格（Carlsberg）洋中脊上观测到的磁异常资料，并不需要新的假设。但是开始时人们对瓦因-马修斯的模型抱有怀疑，因为他们援引的三条基本假设到 1963 年时还没有一条受到普遍承认。这些假设是：①海底扩张；②地壳磁化岩石对产生海洋磁异常的贡献；③地球磁场极性倒转。

1963 年 1 月，加拿大地质调查所的莫利（L. W. Morley）几乎同时独立地提出相同的看法，对它们的真实性作了解释。莫利提出在洋底的永久性磁化的岩石中可能存在着地球磁场近乎完整的记录；他还提出，测量地幔对流速率便有可能得知地磁场倒转的演变情况。莫利的论文稿第一次提交给《自然》（*Nature*）杂志，但遭到拒绝；后来又被《地球物理研究杂志》（*J. Geophys. Res.*）否定。他的论文未能得到这两家期刊编辑的充分信服而始终未获发表。例如，某一审稿人认为，"这样的推测可以成为鸡尾酒会上有趣的谈话资料，但并不应该在严肃的科学刊物上刊载。"然而，瓦因和马修斯却在同一年 9 月成功地在《自然》（*Nature*）杂志发表了与莫利观点相同的论文，直到 1964 年，莫利和他的合作者拉罗切尔（N. A. Larochelle）的论文才得以刊登在《加拿大皇家学会专集》（*Roy. Soc. Canada Sp. Pub.*）上，从而失去了该假说（或学说、理论）的首创权。因为人们习惯于按照文章在正式刊物上发表的先后顺序来称某个理论、学说或假说。在这个具体问题上，首创权的竞争实际上竟然取决于作者不能支配的因素，即编辑究竟采纳哪位审稿人的意见，从而决定是接受稿件还是退稿。若干年后（1974 年），有人（瓦特金斯，N. D. Watkins）评论说，"莫利的手稿确实具有重大的科学意义，或许可列为地球科学方面从未公布过的最重要的论文。"考虑到这一具体情况，现在公正地称这一假说（或理论）为瓦因-马修斯、莫利-拉罗切尔假说（或理论）。

瓦因-马修斯的论文虽然于 1963 年 9 月发表了，但并不被当时的地球科学界认同。部分原因是在当时地磁极性倒转时间表（地磁极性年表 geomagnetic polarity timescale，GPTS）还没有完成，符合他们假说的海底异常的资料不多，他们所选择的特例不能有力地论证他们的理论。两年后，即 1965 年，瓦因与已先期到达剑桥大学度年假的赫斯以及加拿大多伦多大学地球物理学家、地质学家威尔逊（John Tuzo Wilson，1908—1993）合作，共同进行洋中脊的研究工作。他们指出，在北美西海岸外观测到的磁异常条带的宽度与柯克思（D. C. Cox）、多尔（Richard R. Doell）和达林姆普勒（G. Brent Dalrymple）的磁场倒转历史很符合。海底扩张的速率为每一侧 1.5 厘米 / 年，与在圣安德烈斯断层观测到的位移率相关性很大。

威尔逊经过对雷弗（Arthar Raff）和梅森（Ronald G. Mason）得到的加利福尼亚以南和温哥华（Vaconver）岛近海海底地磁异常图（图 3.7）进行详细研究之后指出：在雷弗和梅森的海底地磁异常图上已经有了海底正在扩张的洋中脊的具体位置。1965 年 10 月，瓦因和威尔逊发表了一篇论文，公布了一个重要的发现。如果在给定地区，假定洋底扩展速度在以百万年计的时期内是固定不变的，则洋底条带的宽度，应当与图 3.4 所示的地磁极性倒转年表上的正向的或反向的极性期的持续时间相一致。瓦因和威尔逊假定了洋底扩张的合理速度，根据地磁场倒转年表，计算了横穿各洋中脊地磁异常的理论剖面，并且与实测剖面作了对比。结果估算的剖面和实测剖面的成果极为吻合（图 3.9）。这种情况在世界各地的洋中脊中都已得到证明。这种一致性对于瓦因-马修斯、莫利-拉罗切尔假说和地磁极性倒转年表是一个有力的、定量的支持。瓦因和威尔逊采用它来证明海底扩张的西海岸地区是一个地质复杂的地区，许多断层具有异常的水平断错，从而破坏了该图像。能在混杂的断层块体中辨认出基本图像实属不易。不久即 1966 年，海尔茨勒（J. Heirtzler）、勒皮雄（Xavier Le Pichon）和贝肯（J. B. Bacon）考察到了一种比较简单的情形，即冰岛西南海岸附近的雷恰角（Reykjanes）洋中脊的磁异常条带分布（图 3.10）。雷恰角洋中脊是位于冰岛西南的中大西洋的一段。沿着该区又一次观测到了与柯克思（D. C. Cox）等的磁场倒转一样的对称磁异常条带的图像。对于这一图像，再也提不出比海底扩张更为合适的解释了。海尔茨勒等的工作令几乎所有的科学家都心悦诚服，从而承认海底扩张以及地壳大板块的相对运动是真实的。

地磁倒转年表目前只能回溯到距今约 4 百万年（4Ma）前，但地磁异常剖面却可以回溯到远达 8 千万年（80Ma）前。因为洋底新形成的部分凝化了当时的主地磁场，所以连接地磁异常相等的各点的轮廓线即代表了在同一年代生成的那部分洋底。这种轮廓线称为洋底等年代图（isochrons）。

图 3.11 是海底等年代图。图中红色和紫色分别表示现今的和 2.8 亿

4 3 2 1 现今 1 2 3 4 距今时间 / 百万年

正磁异常

负磁异常

洋中脊

由假定海底扩张计算得到的磁剖面

由海洋磁测得到的观测磁剖面

岩石层

岩浆喷出、冷却，然后“锁定”磁极性的地带

图 3.9　东太平洋中隆处的实测（蓝色）与计算得到地磁异常剖面（红色）对比

根据过去 400 万年（4Ma）地磁异常并假定由海底扩张中心向外扩张的速率是常量计算得到的地磁异常剖面（红色）与实测（蓝色）非常相似，对海底扩张假说是一个有力的支持

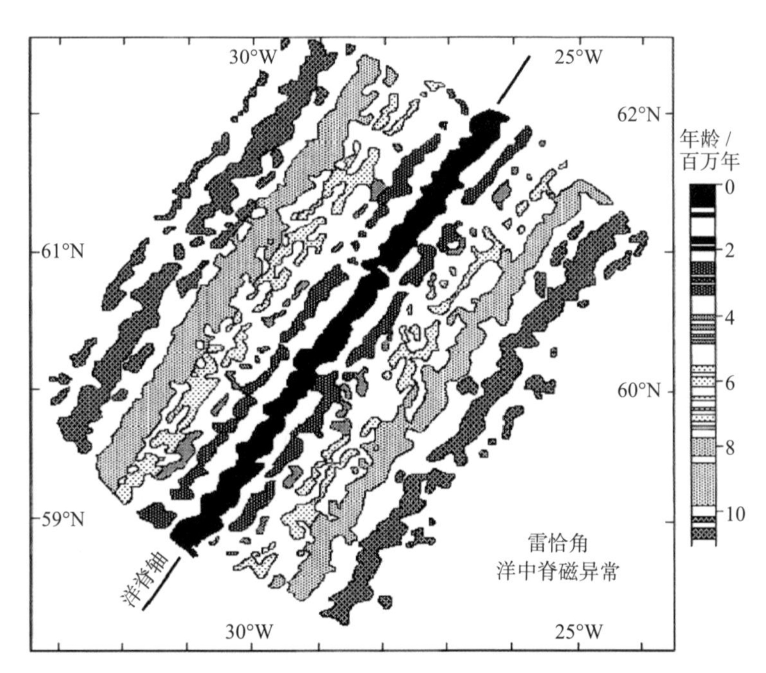

图 3.10　冰岛西南近海的雷恰角（Reykjanes）洋中脊的磁异常条带分布

由正常磁化（深色至浅色）和反常磁化（白色）物质交替组成的磁异常条带沿着洋中脊中轴线两侧对称分布的条带。磁异常条带的年龄如图右面的灰度标尺（深色至浅色）表示

年（280Ma）以前的情况。可以看出，越是远离洋中脊的海底，年代越古老（紫色）；越是靠近洋中脊的海底，年龄越轻（红色）。海底等年代图有力地证明了海底是在扩张的。

到了 1965—1966 年，所有的对海底的研究与发现都证实了海底扩张学说。海底扩张学说还得到了其他观测的支持，其中比较重要的是 1966 年拉蒙特地质观测所奥普代克（Neil Opdyke）等人对洋中脊沉积物剩余磁化强度的测定。由于沉积物缓慢地堆积达几百万年以上，因而厚度达数米的洋底沉积物的剩磁应该反映几百万年以来的几次地磁场倒转的历史。但是岩石剩余磁性的测定在技术上相当困难。奥普代克等人解决了岩石剩余磁性的测定在技术上的困难，成功地测定了从南冰洋和北太平洋深海海底沉积物中获取的岩芯样本，获得了惊人的结果。他们垂直采样获得的岩芯样本长 16 ~ 40 英尺（5 ~ 14 米）。发现洋底沉积物的柱状剖面精确地记录了地磁场倒转史（图 3.12）。在有些标本中，不仅发现了极性时期，同时还发现了短期的极性事件。奥普代克等人用放

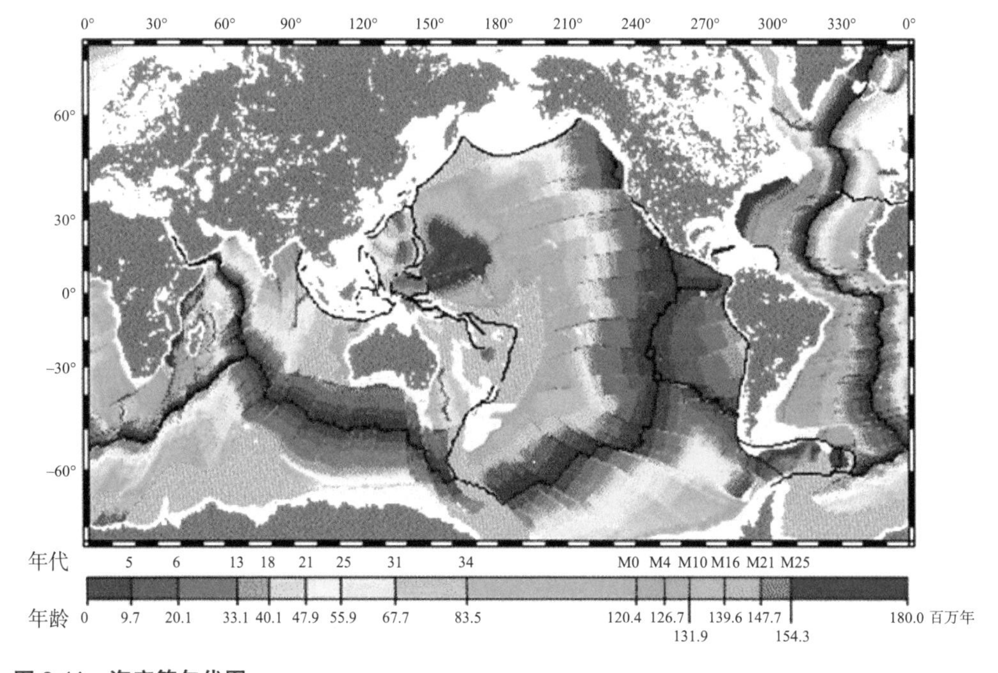

图 3.11　海底等年代图

海底的年龄随着距洋中脊距离的增加由现今（红色）增加至 2.8 亿年（280Ma）前（紫色）的变化，有力地证明了海底正在扩张

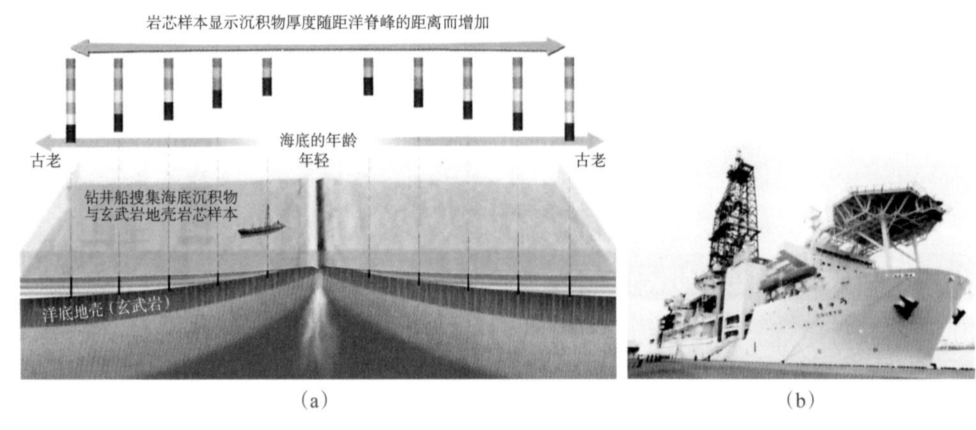

(a) (b)

图 3.12 洋底沉积物的柱状剖面精确地记录了地磁场的倒转历史

射性同位素测定岩石年龄的方法进行测定，绘出了地磁场倒转时间表。他们由岩芯样本得到的磁场倒转的定年的图案与从陆地上火山岩中采集的样本得到的磁场倒转的定年的图案是一致的。因此，他们开创了海底沉积物古地层学的一个新领域，有助于世界各地同时代海洋沉积物的对比。由于奥普代克等人发现的地磁场的倒转历史，一方面可以被记录在水平方向宽约 10 千米的磁性条带上；另一方面可以被记录在厚达 10 米的洋底的沉积物的柱状剖面上，因此地磁场的倒转历史不仅可以从大陆的火成岩中测得，而且也可以从海底沉积物中测得。也就是说，对洋中脊沉积物剩余磁化强度的测定结果进一步证实了海底扩张假说。

然而，一波三折。不久，地球科学家发现海底倒转磁性带与已知的在陆地上倒转磁性带定年有差异，虽然差异甚微。不过这个问题随后很快就被多尔（Richard R. Doell）和达林姆普勒（G. Brent Dalrymple）解决了。他们把海底磁性倒转条带理论与陆地磁性倒转条带理论两者有机地结合起来，提出了一个新的陆基磁性倒转条带理论，两组数据符合得令人惊奇得好，圆满地解决了这个问题。

至此，尘埃落定，海底扩张学说得到验证。

板块大地构造学说的确立

到了 1960 年代，地球科学家已较系统地了解了地球的物理结构。在过去，由于技术水平没有现在这么发达，对板块大地构造学说中涉及的一些地质、地貌并不是很清楚。大量的海底调查表明，在各大洋中都存在许多横断洋中脊的断裂带。大洋中脊峰顶在断裂带两边错开一定距离，磁异常条带沿断裂带的水平位移可长达数百千米。断裂带在海底地形上呈现为洋中脊和狭窄的海槽或崖壁，它们与洋中脊直交延伸，有许多并不超出洋中脊范围，而且至洋中脊的两侧往往形迹不清。这种横向断裂带看上去很像是平移断层，人们并未注意到它们和扩张的洋中脊有什么联系，都认为这是洋中脊之间的洋壳被撕裂的一个证据，并且认为洋中脊在形成时是绵亘不断的，随着时间的流逝，逐渐被断层分隔开或错开。国际著名的地球物理学家、地质学家加拿大威尔逊（John Tuzo Wilson，1908—1993，图 4.1）长期致力于海底断层的研究。他是第一个对海底扩张进行具体而细致研究的科学家。1965年，威尔逊提出了“转换断层”的创新性概念。他发现：不断扩张的洋中脊贯穿着整个海洋被垂直于它的断层分割成一段一段的。他认为，大洋中脊的这种横向断裂带并非通常意义上的平移断层，沿着断裂带发生的不是一般的水平向错动，而是由于自洋中脊轴部向两侧的海底扩张所引起的相对运动。他将这种断层命名为“转换断层”。威尔逊认为，断层只存在于两个正在扩张的洋中脊段之间。洋中脊扩张时，变形集中在洋中脊上，并且沿着断层方向进行，其他海洋地壳接缝之间只会分开，但板块不会断裂。

按照威尔逊的理论，如果洋底的横向断裂确系转换断层引起，那么，地震应发生在洋中脊轴间的错动地段，而在其外侧，则不应有地震发生。地震资料表明，发生在洋中脊的地震确实都集中在洋中脊轴间的错动部分，在其外面的地段则为数甚少。威尔逊把这些巨大的漂浮的岩石称为板块，并提出进一步设想，认为地球的表面是由7个巨大的板块和一些小板块组成的。

美国拉蒙特（Lamont）地质观测所赛克斯（Lynn Sykes，1937—，

图4.1 国际著名的地球物理学家、地质学家加拿大威尔逊（John Tuzo Wilson，1908—1993）

图4.2 国际著名的地球物理学家、地震学家美国赛克斯（Lynn Sykes，1937— ）

图 4.2）是第一个证明威尔逊理论的科学家。赛克斯发现，海洋地震通常发生在洋中脊的断层连接处，而海洋板块却几乎不发生地震。1966 年赛克斯和艾萨克斯（Bryan L. Isacks，1936—，图 4.3）、奥利弗（Jack Ertle Oliver，1923—2011，图 4.4）等从地震学的角度证实了发生于转换断层的地震的震源机制和发生于洋中脊的地震的震源机制与板块大地构造学说所预期的是完全一致的。他们发现板块在海沟处俯冲，形成地震带。他们分析了全球洋中脊系统中发生的 17 个地震的震源机制解，结果表明，所有洋底断裂带上地震的特点是都以走向滑动（简称走滑）占优势，而由各个地震的震源机制解得出的地震断层错动的方向都与威尔逊预言的错动方向完全相符。他们的研究成果发表后引起了很大的震动。拉蒙特地质观测所关于转换断层（transform fault）的地震学研究成果与洋底磁异常、深海钻探一起，并列成为验证海底扩张学说的三大论据。

地球科学家在对地震的研究过程中，发现了陆地下沉的原因。1940 年代，日本和达清夫（Kiyoo Wadati，1902—1995）和加州理工学院地

图 4.3　国际著名的地球物理学家美国艾萨克斯（Bryan L. Isacks，1936— ）

图 4.4　国际著名的地球物理学家美国奥利弗（Jack Ertle Oliver，1923—2011）

震实验室美国贝尼奥夫（Hugo Benioff，1899—1968）通过研究发现，深源地震主要是海底下面的地层下沉所导致的，它们通常集中发生在靠近陆地火山的海洋的边缘地区。随后，在1950年代，科学家们又发现该地区同时也是深海海沟所在地。赫斯的海底扩张学说也说明了这一点。但海沟为什么是地震多发区，在当时是地震学家无法解释的。因为有些深源地震还发生在很深的地幔深处，在那里地幔温度很高，可以把任何刚硬的物体甚至岩石软化，所以岩石将处于流动状态，而不是会发生地震的硬而易碎的固态。

1964年拉蒙特地质观测所的奥利弗、艾萨克斯和赛克斯共同对南太平洋汤加（Tonga）岛附近海沟的地震活动进行了研究。发现正如贝尼奥夫与和达清夫所发现的那样，这些地震的震源勾画出了一个由海底向下倾斜角度约45° 的层。但是，奥里弗等首次发现这个向下倾斜的面是一个向下沉的板片，不仅温度很低（很“冷”）而且很坚硬，会发生地震又能承载本身的重量而不会断裂。向下倾斜层包含着海底的表面弯曲下陷到海沟内，形成了和达-贝尼奥夫地震带。他们确定，下降的海底板块相当厚，约60英里（100千米）厚，它的移动不是海底的整个表面的移动或者单单是地壳的移动，而是厚厚的地块像传送带一样的联动。这就是威尔逊理论中说得非常贴切的板块。

热点

1963年，威尔逊提出了一个对于板块构造学说至关重要的假说。这个假说解决了板块构造理论的一个表观上的矛盾，即为什么在远离最近的板块边界达数千千米的地方会有火山（图4.5）。例如，位于太平洋中部的夏威夷群岛是一串火山岛链，它距离最近的板块边界至少3200千米。威尔逊指出，夏威夷和其他一些火山岛链可能是板块下方的地幔中较小的、持续时间相当长的（“稳恒的”）热区向上移动形成的。这个热区称为热点（hotspot），它存在于板块下方的地幔中，是提供称为热焰（thermal plumes）的局部化高温能源以维持火山活动。按照威尔逊的热点理论，从热点上方经过的、距离热点越远的夏威夷火山链的火山，其年代应当越久远、风化越厉害。属于夏威夷群岛的、最西北的有

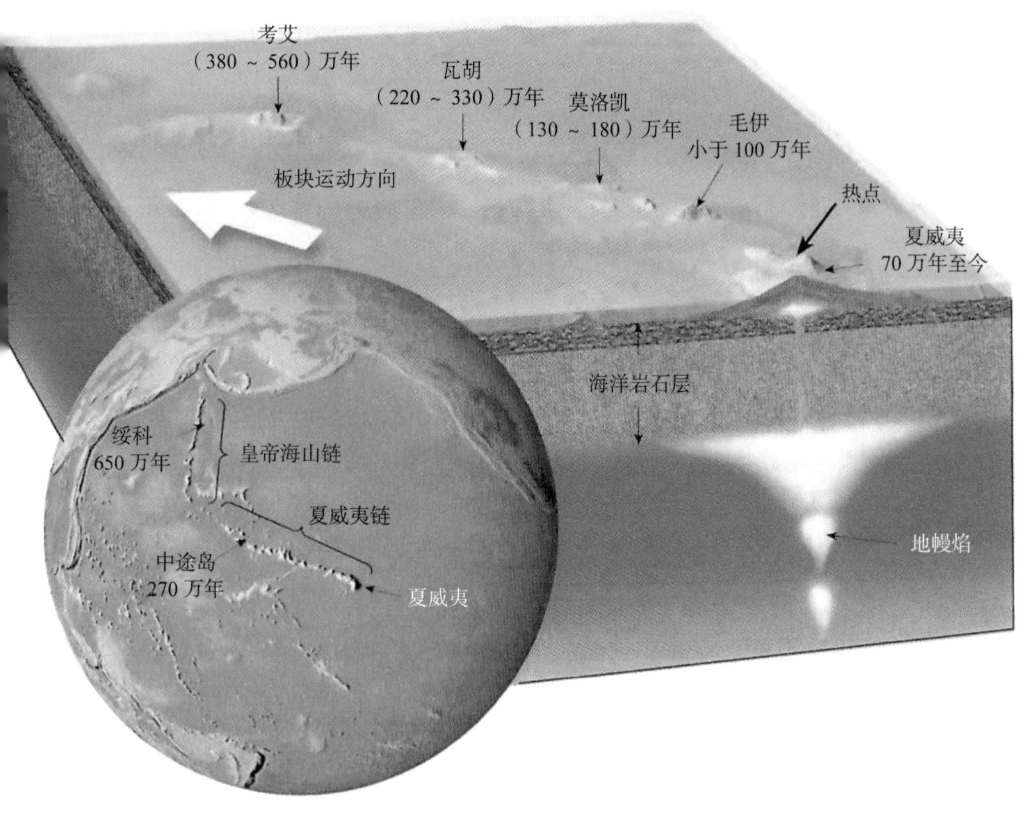

图 4.5　威尔逊的热点理论解释为什么在远离最近的板块边界达数千千米的地方会有火山

人居住的考艾（Kauai）岛，其年代是最久远的，大约 3.8 百万 ~ 5.6 百万年（3.8Ma ~ 5.6Ma），风化也是最厉害的。作为比较，在夏威夷群岛东南的大岛（Big Island）现在仍位于热点上方，其最老的出露的岩石的年龄最轻，小于 70 万年（0.7Ma），并且新的火山岩还在不断地形成。

威尔逊提出的有关“热点”的理论发表后，很快就引发了数百篇的研究论文，这些论文都证明威尔逊理论是正确的。但是在 1960 年代初期，他的理论却被认为是离经叛道，所有的国际著名的科学刊物都拒绝刊载他这篇有关“热点”论文的稿件。最后这篇板块构造学说里程碑的论文只好刊载在比较不出名的、地球物理学家、地质学家都不太注意的《加拿大物理杂志》（*Can. J. Phys.*）上。

威尔逊

加拿大威尔逊，国际著名的地球物理学家、地质学家。1947—1974年，是多伦多大学地球物理学教授。在他从教学岗位退下来之后，任安大略科学中心（Ontario Science Centre）主任。他是一位不知疲倦的教师和旅行者，直至1993年逝世。在1930年代末，当他在普林斯顿大学攻读博士学位时就认识赫斯，那时赫斯正当年，是一位朝气蓬勃的年青讲师。和赫斯一样，他得以看到自己提出的“热点”和“转换断层”理论因为有关洋底的动力学和地震活动性知识的剧增而得到证实。除了威尔逊，还有赫斯、迪茨、马修斯和瓦因等科学家，都是1960年代中期板块大地构造学说早期发展的缔造者。有意思的是，威尔逊是在他科学事业的巅峰时期即50多岁时对板块构造学说作出贡献的。人们有理由相信，倘若魏格纳不是在他的科学事业最好的时期即50岁时英年早逝，板块构造学说这场地球科学的变革可能会来得更早些。

1968年，在美国圣迭戈加利福尼亚大学（University of California，San Diego；UCSD）斯克利普斯海洋学研究院（Scripps Oceanographic Institution）工作的英国人麦肯齐（Dan Peter McKenzie，1942—，图4.6），剑桥大学的帕克（Robert Ladislav Parker，1942—，图4.7），普林斯顿大学的摩根（William Jason Morgan，1935—，图4.8）和在拉蒙特地质观测所工作的法国人勒皮雄（Xavier Le Pichon，1937—，图4.9）根据大量的资料、运用球面几何学原理，确定了板块形状的轮廓、位置及其运动方向。他们发表的图中不仅给出了地球板块现在的状态，而且也给出了板块的过去并对板块将来的变化也进行了预测。紧接着，他们按照板块构造学说将全球岩石层划分成7大板块：欧亚板块、非洲板块、北美板块、南美板块、印-澳板块、南极洲板块和太平洋板块，板块之间或分离运动、或水平移动、或俯冲碰撞，板块的边界恰是地质作用活跃的地带。他们论证了地震与板块构造的关系。全球地震带的分布与板块边界非常一致，不仅如此，地震震源机制解所给出的相对错动方向，也与板块构造学说理论上所预期的板块相对运动方向一致，因此板块边界上、板块之间的相互作用是引起地震的基本原因，等等，从全球尺度上阐明了地震的成因，对全球地震的地理分布给出了简单明了、令人信服的、合理的解释。皮特曼三世（Walter Pitman Ⅲ）解释了在洋中脊附近

图 4.6　国际著名的地球物理学家英国麦肯齐（Dan Peter McKenzie，1942— ）

图 4.7　国际著名的地球物理学家英国帕克（Robert Ladislav Parker，1942— ）

图 4.8　国际著名的地球物理学家美国摩根（William Jason Morgan，1935— ）

图 4.9　国际著名的地球物理学家法国勒皮雄（Xavier Le Pichon，1937— ）

探测到的海洋磁性异常的模式（这是海底扩张的指示器），成为板块大地构造学说的一个证据。

1967 年，威尔逊完善了海底扩张学说，并向科学界引入了一个新的学说：板块大地构造学说（plate tectonics），简称板块构造学说。他宣称，地球板块大地构造学说和海底扩张学说与哈维（W. Harvey，1578—1657）发现人体内的血液循环、达尔文的进化论等具有同样伟大的意义。这个学说认为地球的岩石层不是整体一块，而是被地壳的生长边界分割成许多构造单元，如大洋中脊和转换断层、地壳的消亡边界如海沟以及造山带、地缝合线等构造带，这些构造单元叫作岩石层板块，简称板块。

威尔逊进一步指出，大洋盆地历经上升期、上升—扩张期、扩张期、挤压期、终了期、缝合期等阶段，大陆漂移和造山运动是这种海底更新过程的直接结果。这个过程现在称为威尔逊旋回（Wilson cycle）。

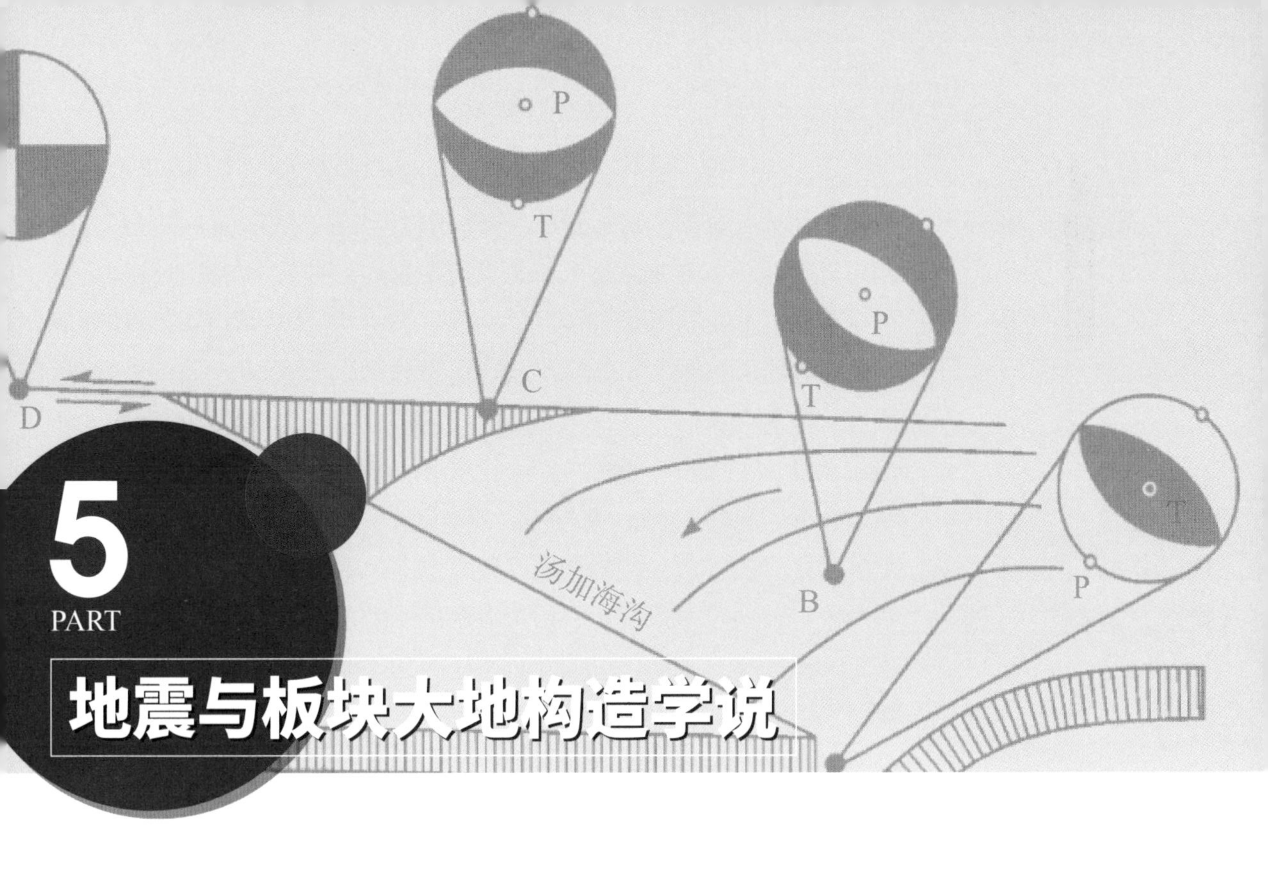

5 PART 地震与板块大地构造学说

现代地震学的发展增进了地球科学家对地震震源和地球内部构造的认识，在板块大地构造学说创立与完善过程中起到了重要的作用。

在大洋盆地的底部，主要是在大洋盆地的中部，绵亘着长达 8 万多千米的海底山脉，称为大洋中脊。此外，又有许多海沟。在 1960 年代中期以前，地球科学家就已了解了大洋盆地的这些大地构造现象，但是对其作用与成因并不清楚。

根据板块大地构造学说，地球的最外层是平均厚度约为 100 千米的岩石层，岩石层分为若干大、小板块。在大洋中脊，新的洋底岩石层板块形成，并从大洋中脊处向外扩张。在消减带，一个板块俯冲到另一个板块下面，潜没消融于地球内部。这一过程有如传送带的传送过程，板块有如传送带，在发生于地球内部的热对流的带动下运动。大陆被动地驮在板块上，就像被放置在传送带上一样。海沟、洋中脊、平移大断层是相邻接的板块发生相对运动的边界。板块的相互作用是发生地震的基本原因，而板块边界，正是大多数地震发生的场所。

在大洋中脊，有许多断裂带，这些断裂带早在对洋中脊进行研究的初期就已发现。但过去认为，这类断裂带是如图 5.1（a）所示的，将洋中脊错断的、通常意义上的走滑断层错动的结果（在图 5.1a 的示意图中是一右旋走滑断层）。到了 1960 年代中期，国际著名的地球物理学家、地质学家加拿大威尔逊（John Tuzo Wilson，1908—1993）注意到了一个现象，即在大西洋赤道附近的洋中脊与非洲和南美洲的大陆的轮廓线是平行的。他认为，洋中脊–断裂带乃是大陆漂移开始时大陆最初分开的地方。因此，洋中脊–断裂带是一种特有的图像，它们并非是将洋中脊错开成一段一段的、通常意义上的走滑断层，而是由一段洋中脊过渡到另一段洋中脊的走滑断层。威尔逊称这种断层为转换断层（transform fault）。威尔逊最先引进了转换断层的概念并且预测了转换断层沿着走向滑动的方向（图 5.1b）与假定这些断层是将洋中脊错开的走滑断层的错动方向（图 5.1a）正好相反（在图 5.1b 的示意图中的转换断层为一左旋走滑断层）。如果按照这些断层是将洋中脊错开的、通常意义上的走滑断层的假定，该断层则应是一右旋走滑断层。由震源机制解得到的结果完全证实了威尔逊的预测。图 5.2 是一个典型的例子，说明在大西洋洋中脊的一段的地震震源机制解是如何证实海底扩张、转换断层的概念的。

图 5.2 中有两种不同类型的断层。位于大洋中脊的地震（图 5.2 中的地震 E），其震源机制是与海底扩张的概念一致的正断层。因为海底在洋中脊处分开，所以洋中脊应当是处于近乎水平的张应力作用的地带，张力轴应当是沿着与洋中脊走向垂直的、近水平的方向。沿着断裂带发生的地震（图 5.2 中的地震 A），其震源机制是以沿水平方向滑动为主的走滑断层。图中所示的地震 A 的水平走滑断层有两个可能的断层面：一个是走向为东西向的、平行于断裂带方向的节面 NP1，另一个是走向为南北向的、垂直于断裂带方向的节面 NP2。节面 NP1 的走向与断裂带方向以及沿断裂带的地震震中分布的走向一致，表明 NP1 是真正的断层面。NP1 所表示的断层错动在这个例子中是左旋走滑，与海底扩张、转换断层的概念完全一致。转换断层是因板块的走滑边界与发散边界及汇聚边界相连接、起着与通常的光滑断层不同的作用而得名的。由于转换断层的存在，板块边界发生从发散边界向发散边界（图 5.3a）、从发散边界向汇聚边界（图 5.3b，c）或从汇聚边界向汇聚边界（图 5.3d，e，f）

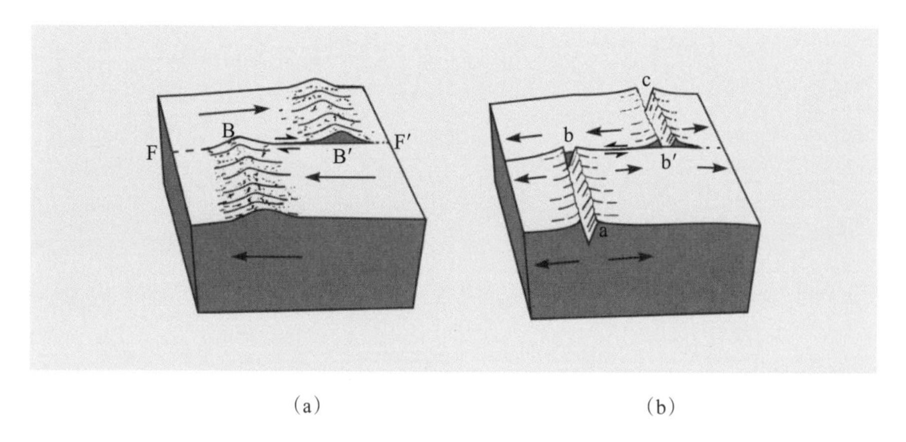

图 5.1　与洋中脊错开相联系的走滑断层错动方向（a）和与海底扩张相联系的走滑断层（转换断层）错动方向（b）之比较

图中长箭头表示块体错动方向（a）或海底扩张方向（b），半箭头表示断层错动方向

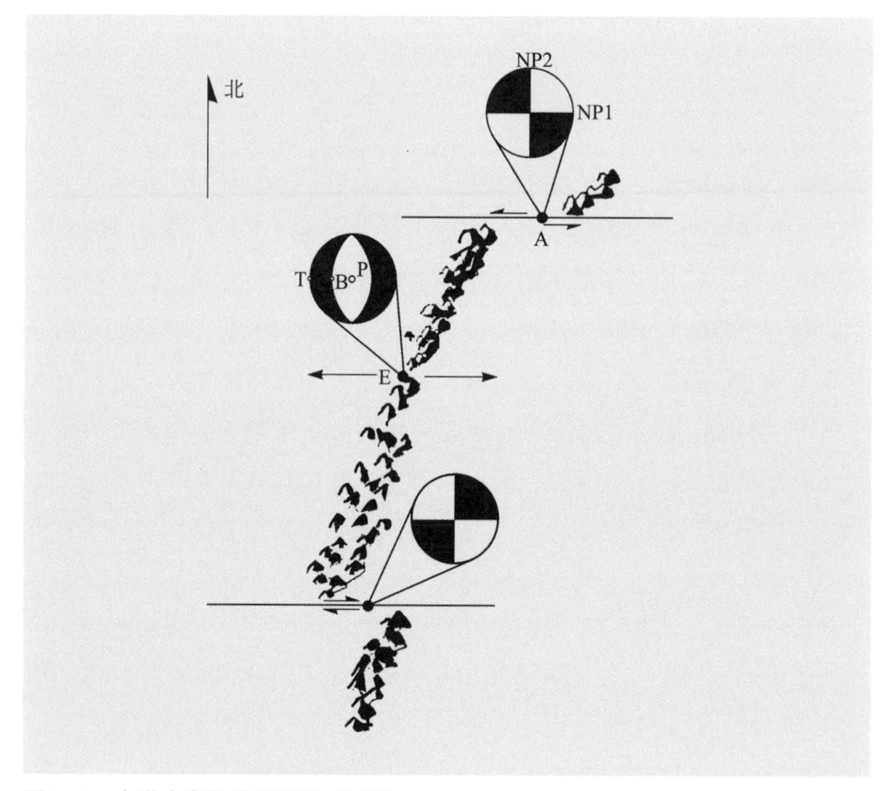

图 5.2　大洋中脊的地震震源机制解

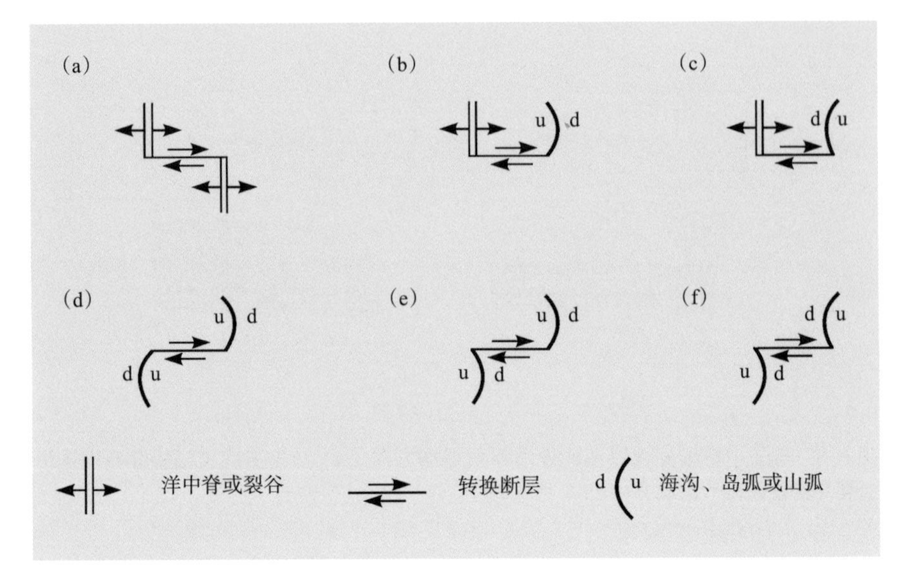

图 5.3　六种可能类型的右旋转换断层

图中表示转换断层将下列边界相连：(a) 发散边界（洋中脊、裂谷）与发散边界相连；(b) 发散边界与（凹弧）汇聚边界（海沟、岛弧或山弧）相连，u 表示上覆板块，d 表示向下俯冲板块；(c) 发散边界与（凸弧）汇聚边界相连；(d)（凹弧）汇聚边界与（凹弧）汇聚边界相连；(e)（凹弧）汇聚边界与（凸弧）汇聚边界相连；(f)（凸弧）汇聚边界与（凸弧）汇聚边界相连。注意 (a) 中的转换断层的错动方向与若假定洋中脊是沿水平断错时所要求的错动方向相反

的过渡。转换断层并不全位于洋底，北美的圣安德烈斯断层就是一个例子。北美西部的一系列长的转换断层是太平洋板块和北美板块的边界，沿着这些断层，太平洋板块相对于北美板块朝着西北方向运动。位于大陆上的、将洋中脊分开的转换断层为验证震源机制解的方法与结果以及以此为重要依据的板块大地构造学说提供了一个很好的机会。通过直接观测位于大陆上的转换断层的运动，可以对震源机制解以及板块大地构造学说加以验证。圣安德烈斯断层系是东太平洋隆起的洋中脊系为主的断层。这些地震的断层面解与在圣安德烈斯断层实地考察和观测得到的断层错动的性质非常一致。如果说，圣安德烈斯断层是连接位于加利福尼亚湾的东太平洋隆起至俄勒岗近海处的转换断层，那么由观测得到的右旋走滑断层错动正好支持了洋中脊-断裂系是与海底扩张相联系的解释。圣安德烈斯断层系的错动方式与由地震震源机制解求得的加利福尼亚湾断裂带的断层错动方式是完全一致的（图 5.4）。

按照板块大地构造学说，海沟是海洋岩石层板块向下俯冲并且逐渐被消融的场所，是俯冲板块与覆盖在其上方的板块（称为上覆板块）

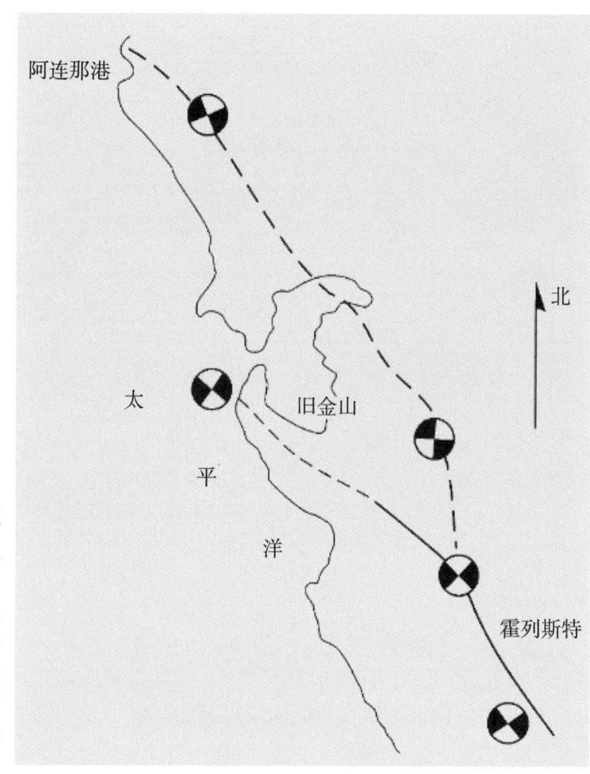

图 5.4 美国加利福尼亚州的圣安德烈斯断层系及相应的地震震源机制解

图中虚线表示圣安德烈斯断层系。由图可见圣安德烈斯断层右旋走滑断层错动方式与由地震震源机制解得出的结果以及板块大地构造学说的概念相符

之间的边界。图 5.5 以汤加海沟为例，说明发生于海沟的地震的震源机制解与板块大地构造学说的力学模型非常符合。在靠近海沟的地方有几个关键地点，在这些地点所发生的地震的震源机制与发生于海沟的板块运动密切关联。当海洋岩石层板块在海沟发生俯冲时有两点重要的逻辑上必然的推论。一是向下俯冲的岩石层板片在快要俯冲下去时要发生弯曲（如图 5.5 中的 B 所示）。板片在快要俯冲下去时发生的弯曲势必导致这一部分板片发生引张，因而发生如图 5.5 中的 B 所示的正断层性质的地震。

现在已有大量海沟附近的海底的地震的断层面解，表明在海沟处，一是震源较浅的地震的确具有断层面走向与海沟方向一致的正断层性质。这些地震的断层面解有力地支持了上述推论。二是向下俯冲的岩石层板块必定在俯冲板块与上覆板块之间发生剪切作用，从而在该处发生的地震应当具有逆断层性质。地震的震源机制解表明，在海沟下方较浅的地方发生的地震，其断层面解的确具有逆断层错动的性质（图 5.5 中的 A）。这些地震的断层面解是对上述推论的有力支持。在海沟的端部，

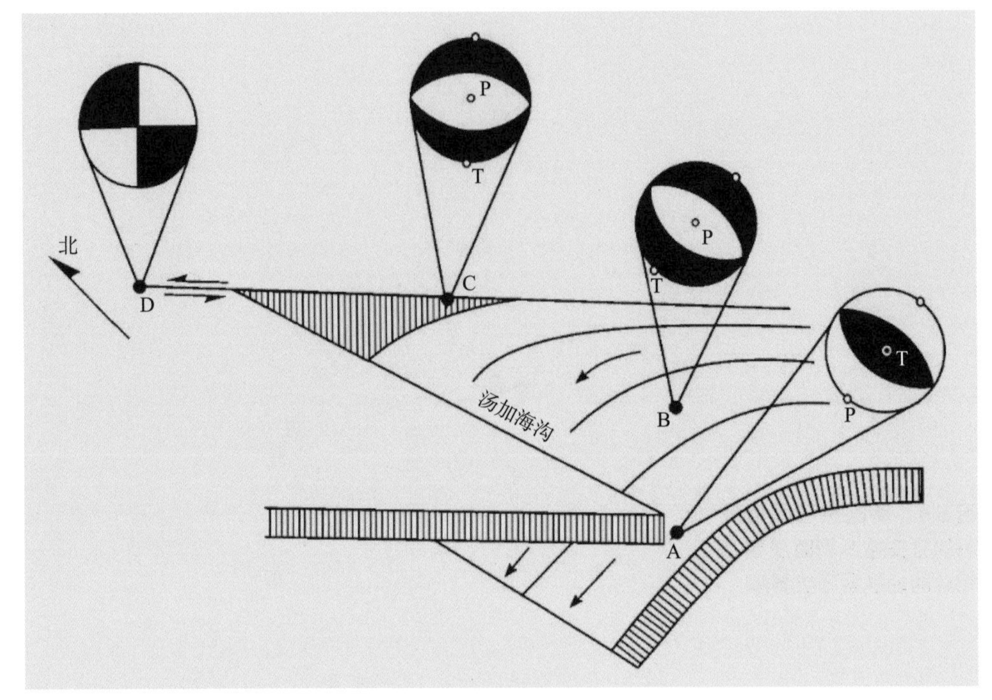

图 5.5　在汤加海沟俯冲的岩石层板块的地震震源机制解

箭头表示板块俯冲的方向，半箭头表示板块相对平移的方向，A，B，C，D 表示与板块俯冲和平移相联系的 4 个具有代表性的地点的地震的震源机制解

例如在图 5.5 中的 C 所示的太平洋汤加海沟的北端，当向下俯冲的板块向着海沟移动时，好比一把正在张开的剪刀，在海沟的端部“撕裂”。所以当这部分板块移动到海沟下方、在这个地方发生地震时，其断层面的走向应与板块水平移动的方向一致，其震源机制解则应具有张力轴与海沟方向一致的正断层性质；而对于上覆板块来说，在海沟端部的那部分仍然留在地面上，其地震的震源机制解就应当具有如图 5.5 中的 D 所示的走滑断层的性质。由实际观测资料得到的图 5.5 中 4 个关键地点 A，B，C，D 的地震震源机制解，完全符合发生于汤加海沟的岩石层板块俯冲的力学模型，这是地震震源机制解是对板块大地构造学说的有力支持的很好的例证。

6
PART

科学上的重大突破和创新

板块构造学说以其综合性、可预测性和定量化的性质赢得了绝大多数地球科学家的支持。板块构造学说的确立是20世纪地球科学的一场革命，它给地球科学的各个分支都带来了观念上的变革，解决了一些过去无法解决的问题。例如，多少年来，一代又一代的地震学家都在试图解释为什么地震在全球的分布是如此不均匀，马利特、米尔恩、古登堡都曾经用他们那个时代最好的观测资料研究过这个问题，但直至板块构造学说提出后地球科学家才能对此给予简单明了、令人信服的、合理的解释，圆满地解决了这个问题。

诚然，板块大地构造学说是地球科学的一个意义重大的革命，它得到了大量观测结果的支持，成功地解释了过去无法解释的许多重要现象，值得大写特书。但是，最为重要、最应当强调的是，长期以来，许多地球科学工作者持有一种固定论的观点，认为自有记录以来，海、陆的发展和地球上部的运动主要是地面的隆起和沉降的交替，以垂直运动为主，水平运动只是次要的。海洋和大陆在极大程度上是永恒的，它们的变迁只是海侵和海退的问题，地壳运动带有“原地踏步”的性质。板块大地构造学说则是一种活动论的观点，它认为，地球上部不但有垂直运动，而且有水平运动，且水平运动更大，位移能达到数千千米。海洋和大陆在地质时期都不是固定不动的，它们彼此之间和它们各自的内部都发生着动力的构造作用。用地质现象的时间尺度来衡量，地球上正在发生着极其活跃的“新陈代谢”运动。板块大地构造学说揭示了人类赖以生存的地球决不是有些人所想象的那样沉寂，而是一颗仍然充满活力的、运动的、活跃的行星，地球上的许多重要的现象都与板块的相对运动和相互作用有关。例如，地震作为发生在地球内部的一种自然现象，它的发生与板块的运动和相互作用是密切关联的，是运动的地球、活跃的地球的生动表现。

大陆漂移、海底扩张、板块构造是全球性大地构造活动的三部曲。海底扩张是大陆漂移的新形式，板块构造是海底扩张的引伸和发展。作为 20 世纪的一个伟大的科学成就，从大陆漂移—海底扩张—板块大地构造学说的确立留给后人许多宝贵的经验教训和启示。

（1）科学上的重大突破和创新

科学上的重大突破和创新需要有突破传统思维的勇气、自信和能力，既要有丰富的科学想象力，又要有缜密的科学思维；既要有对探索大自然强烈的好奇心和百折不挠、执着追求真理的毅力，又要有从事科学实践的扎实的专业基础和广博学识。这些品格和特点在魏格纳、赫斯、迪茨、威尔逊、艾萨克斯、摩根、麦肯齐、帕克、勒皮雄、马修斯、瓦因、希曾、萨普等科学家的身上都得到了充分的体现。

（2）青年科学家是科学创新的主力军

魏格纳等提出创新性学说和理论时都还很年轻，但他们不囿于传统观念，也不迷信权威。魏格纳提出大陆漂移学说时（1912 年）是 32 岁；瓦因对海底扩张学说作出贡献时（1963 年）还是一位正在攻读博士学位的研究生，只有 24 岁，而他的导师马修斯才 32 岁；摩根、麦肯齐和勒皮雄提出地球板块构造学说时（1968 年）分别只有 33 岁、26 岁和 31 岁。青年人较少受传统思想与理论的局限和束缚，只要不迷信、不盲从，勤于学习、善于思考、勇于创新、求真唯实、严谨求实，在地球科学领域，青年人也完全是可以大有作为、作出重大贡献的。

（3）学科交叉融合

地球科学是一门跨学科的复杂系统科学，具有全球性、交叉性、复杂性、长期性等特点。地球本来就是一个整体，地球科学问题，诸如大陆漂移、海底扩张和板块构造学说，以及能源资源分布、气候变化、海洋和极地考察研究等大多是全球性问题。地球科学家在研究本土和区域问题时必须以全球视野审视面对的科学问题，必须积极关注和参与全球问题研究。近现代地球科学的发展更突出显示出其多学科交叉融合的特点。近百年来，地球科学不仅与物理、化学等学科交叉融合，产生出地球物理学、地球化学等分支学科，而且物理、化学、数学、生命科学、信息科学与工程技术等学科也深深地融入地球科学，成为地球科学研究的核心内涵、知识基础和重要手段。地球内部的结构、组成、演化及其动力学机制等问题，复杂而多样，地球不但有地核、地幔、地壳、土壤和水圈、生物圈、大气层等圈层间的相互作用，而且还受到天体作用和人类活动的影响，是一个多层次、多因子、多变量的复杂大系统，必须创造还原论和整体论相结合的新的系统研究分析方法，创造新的研究工具和实验观察手段，只有这样才能深刻、全面、准确地认识地球。在信息、网络和空天技术发达的今天，数字地球、智慧地球、探索宇宙都需要地球科学家的参与。地球科学研究的对象，诸如大陆漂移—海底扩张—板块构造、生物进化、成矿过程、海陆演化、气候变化等，都需要经历成千上万乃至上亿年的演化，需要用诸如古生物、花粉、孢子等证据；放射性同位素定年；台网、台阵等网络大规模长期观测实验，收集与使用各种数学方法分析处理海量数据。地球科学的假说、理论、学说的创立不但需要现有的物理、化学实验、分析、观测和探测结果的验证，有时还需要等待其他领域科学技术的进展和（或）探测分析手段和方法创新，需要经历长时间、甚至几代人不懈地探索。因此，地球科学家应该具有更广博扎实的知识和学科基础，更执着、严谨的科学精神，更能够承受得起自然风险、学术争论和各种困难与挫折，更有勇气和毅力，更耐得住寂寞，坐得住冷板凳、经得起风吹浪打。正如板块构造学说的创始人之一、领头人威尔逊所指出的："在近代地学革命中，贡献最大的地球科学家，一般都具备两个共同的特点：渊博的教育素养（包括精通掌握物理学知识）和对全球问题发生兴趣，而不局限于对一个小地区的研究。”这些也对地球科学人才培养和研究条件与环境都提出了要求，值得我们认真思考与改进。

（4）科学上的创新需要非凡的勇气和自信

提出新思想、新学说、新理论，需要非凡的勇气和自信。例如，魏格纳的大陆漂移理论假说从一开始就遭到强烈的反对，受到当时大多数著名的地质学家、地球物理学家的强烈反对与泰山压顶般的批评，到他逝世时也不为世人所接受；他广泛的科学兴趣、渊博的学识竟成了提职的障碍。

瓦因-马修斯的海底扩张假说在一开始时也不被接受，人们对他们提出的有关海底扩张的三项基本假说（海底扩张；地壳磁化岩石对产生海洋磁异常的贡献；地磁场极性倒转）直至 1963 年还一直持有怀疑，他们投给《自然》(*Nature*) 杂志的论文直至 1963 年才得以发表。

加拿大莫利（L.W. Morley）独立提出的与瓦因-马修斯的海底扩张假说同样的一篇论文始终未能在一家著名的科学杂志上获允发表。1963 年 1 月，他的文稿第一次提交给《自然》(*Nature*) 杂志，但遭到拒绝；后来又被著名的《地球物理研究杂志》(*J. Geophys. Res.*) 否定。几经周折，直到 1964 年莫利和拉罗切尔（N. A. Larochelle）合作的论文才得以发表。然而，由于瓦因和马修斯在 1963 年 9 月已成功地在《自然》(*Nature*) 杂志发表了与莫利观点相同的论文，莫利失去了该理论或假说的首创权。在他的论文受到刁难的经历被披露之前，人们常称该理论或假说为瓦因-马修斯理论或假说。考虑到在这个具体问题上，首创权的竞争实际上竟取决于作者所不能支配的因素，即编者究竟采纳哪个审稿人的意见？是接受稿件还是退稿？现在通常称该理论或假说为瓦因-马修斯、莫利-拉罗切尔理论或假说。虽然长了一点，但体现了公正与公平的精神。

即使是当时已经是国际已负盛名的地球科学家的威尔逊，他的关于夏威夷群岛这类海洋火山山脉起源的论文也遭遇退稿的境遇。他的论文于 1963 年遭《地球物理研究杂志》(*J. Geophys. Res.*) 拒绝，理由是审稿人认为该论文未包括新资料、缺乏数学论证，以及与流行的概念不一致，等等，不一而足。威尔逊只好把文章投给《加拿大物理杂志》(*Can. J. Phys.*)，并很快得以发表。尽管阅读这份物理杂志的地球物理学家、地质学家很少，但首创权还是得到了确认。

（5）地球科学的意义和社会价值

人类生活在地球上，人类也只有一个地球，地球是人类赖以持续生存繁衍的家园。我们不仅要认知地球的今天，还应该了解地球的过去、演化进程和动力学机制，认识其规律，预知其未来。魏格纳等所作出的贡献不仅仅在于其伟大的科学上的成就，更在于这一新的理论所带来的精神、物质和社会价值。板块构造学说从根本上改变了人类对地球系统的认知，深刻影响了人类的科学观、自然观、发展观和价值观，充分体现了人类对于地球系统认知突破的科学意义和社会价值。纵观人类社会发展当前面临的诸多问题，如资源、能源、海平面上升、全球变暖、灾害频发，几乎没有一个不与地球科学有关。重视和发展地球科学，为地球科学研究创造更加良好的条件和环境应当成为全社会的共识。

（6）基础科学研究的重要性与特点

板块大地构造学说创立中所涉及的研究成果的发现者，例如：米尔恩、魏格纳、赫斯……他们的研究工作首先是源于对自然现象的好奇，并没有想到板块大地构造学说的研究成果会给人类带来如此之巨大的现实意义。板块大地构造学说的创立及其影响凸显了基础科学研究的重要性和特点。

（7）个人与团队 · 好奇心驱动与政府的投入

说起板块大地构造学说，人们经常赞颂从大陆漂移到海底扩张再到板块构造学说创立过程中所涉及新学说的开拓者、发现者，例如：米尔恩、魏格纳、赫斯、迪茨、威尔逊、瓦因、马修斯、莫利、希曾、萨普等。的确，他们个人的才华与作用令人钦佩景仰，他们对自然现象的好奇、对自然现象规律执着求索的精神值得称颂。但是，另一方面，也应当看到，板块构造学说的创立过程中，由至少 20 几位优秀的中青年科学家（包括女科学家）作为骨干无形之中形成的 50 多位科学家的团队起到了最重要的攻坚克难的作用。同时我们也应当注意到，在板块大地构造学说创立过程中所涉及至关重要的资料，如赫斯的海底地形的声呐探测资料、海洋地磁测量资料，前者是第二次世界大战时期探测潜艇的需要，后者则是冷战时期探测潜艇以及对石油天然气资源勘测的需要。为了这些目的，有关各国政府持续投入了大量财力人力。板块构造学说的创立是个人的才智与团队的联合攻关，还有好奇心驱动与政府的投入之间的相互关系的一个生动范例。

（8）板块大地构造学说没有终结真理，新的问题永远存在

板块大地构造学说是一个伟大的科学成就，意义重大，堪与人类历史上哈维（W. Harvey，1578—1657）发现人体内血液循环、达尔文的进化论等的意义相媲美。但是，板块构造学说并没有解决让地球科学家困惑的所有问题。相反地，仍有许多问题尚待解决。例如，板块构造学说的确立在很大程度上是根据地磁和古地磁的观测。古地磁的测量精确度一般不是很高，因此所定的古地磁极的位置常很分散，而古地磁极的迁移轨迹正是大陆漂移的重要证据之一。地磁异常的线性排列在海洋中某些地区固然很好，但在另一些地区则又很零乱。这些都在结论中引起争议。

更重要的一个问题是板块运动的动力来源问题。如果说海底扩张和板块大地构造学说是正确的，那么，是什么力量驱使板块的不息运动呢？到目前为止，实际上还没有找到对流发生在地幔的直接证据，还有待于今后对地幔物体的性质和地幔流体力学的理论的进一步研究。

板块大地构造学说并没有终结真理，新的问题永远存在，科学的前沿永无止境，人类对大自然的探索和认识永远不会终结。

7 PART 兴利避害、造福人类的地球物理学

在现代社会，板块大地构造学说的诞生对人类的公共安全来说具有非常深远的意义，地球科学家通过板块大地构造学说认识到，美国加利福尼亚州的圣安德烈斯断层是两个板块的接缝处，并且板块正在做漂移运动。世界上最大的板块是太平洋板块，它正向东北方向移动，逐渐越过北美洲。现在我们可以理解为什么美国加利福尼亚州是地震多发地带。在这些地方，地震学家只是目前尚不能准确预测地震发生的时间，而不是不能预测是否会发生地震。

虽然地震学家目前尚不能准确预测地震发生的时间，但是已经掌握了板块运动的速度和板块边界地带地震发生的成因及机制。所以可预先采取一些特殊的防范措施。包括：制定防震减灾计划，颁布防震减灾法案。通过法律规定全国实行国家防震减灾计划。国家防震减灾计划中包括相应的教育计划以及有关建筑物设计及施工的抗震标准。现在已有许多国家采用根据“地基分离原理”制定出有关建筑物设计及施工的抗震标准。所谓“地基分离原理”是指在建筑物和它的地基之间加入轴承垫。

当大地向某一方运动时，固定在地基上的建筑物就会向相反方向运动。当地震发生时，大地运动的方向来回改变，不加入轴承垫的建筑物就会随着大地做相应的摆动；如果在建筑物及其地基之间加入轴承垫，大地震动就被轴承垫“吸收”掉，使建筑物保持平稳。在日本和美国加利福尼亚州，地质灾害、地震灾害经常发生，它们的建筑物在设计和施工时都采用“地基分离原理”，如学校、桥梁、水坝等。近年来，我国在这方面做了卓有成效的工作，取得了长足的发展。

现在通过板块大地构造学说，我们可以认识地震灾害、地质灾害现象，预防和减轻地震灾害、地质灾害带来的损失，从而提高我们的生活保障。板块大地构造学说给人类带来巨大的经济效益。例如：将板块大地构造学说运用于采矿、天然气和石油的勘探和开采。因为板块大地构造学说完善了古地理学（现在称为化石地理学），通过板块大地构造学说我们清楚地知道石油形成的成因和分布，并借助它准确地找出储存石油的地层。

板块大地构造学说还给人类带来许多新的发现，例如科学家在海底发现了温泉（它是海水在扩张地带向下渗入到炽热的地壳中的结果）和温泉微生物，使我们更全面地了解地球上的生物。例如 1977 年科学家在加拉帕哥斯（Galápagos）洋中脊的温泉附近发现了一种新的生态系统（在其他海洋也发现了类似的生态系统）。随后科学家在海底又发现了 200 多种新的蠕虫、软体动物、节肢动物。由于在海底缺少阳光，这些海底生物只能通过氧化从地球内部向外喷发的物质——硫化氢获得能量维持生命。然而硫化氢对大多数生物来说是有毒的！在这些被发现的神奇生物中，有一种微生物甚至能在温度高于沸点的水中生存。科学家们已经对这些微生物的代谢过程进行了研究。

地球大部分的地质特征和以前人们无法理解的自然现象都可以用板块大地构造学说给予解释，例如火山喷发、地震、山脉的形成，等等。板块大地构造学说并非痴人呓语，而是有充分科学根据的学说。板块大地构造学说创立中所涉及的这些研究成果的发现者，例如：米尔恩、魏格纳、赫斯、迪茨、威尔逊、赛克斯、艾萨克斯、奥利弗、麦肯齐、摩根、勒皮雄、马修斯、瓦因、希曾、萨普等，他们的研究工作首先是源于对大自然现象的好奇，并没有想到他们的研究成果会给人类带来如此之大的现实意义。

索 引